ALEXANDRE MOLTER • CAMILA COSTA • CÍCERO NACHTIGALL
LUCIANA CHIMENDES • MAURÍCIO ZAHN • REJANE PERGHER

Tópicos de
MATEMÁTICA BÁSICA

Tópicos de Matemática Básica
Copyright© Editora Ciência Moderna Ltda., 2017

Todos os direitos para a língua portuguesa reservados pela EDITORA CIÊNCIA MODERNA LTDA.
De acordo com a Lei 9.610, de 19/2/1998, nenhuma parte deste livro poderá ser reproduzida, transmitida e gravada, por qualquer meio eletrônico, mecânico, por fotocópia e outros, sem a prévia autorização, por escrito, da Editora.

Editor: Paulo André P. Marques
Produção Editorial: Dilene Sandes Pessanha
Capa: Daniel Jara
Copidesque: Equipe Ciência Moderna

Várias **Marcas Registradas** aparecem no decorrer deste livro. Mais do que simplesmente listar esses nomes e informar quem possui seus direitos de exploração, ou ainda imprimir os logotipos das mesmas, o editor declara estar utilizando tais nomes apenas para fins editoriais, em benefício exclusivo do dono da Marca Registrada, sem intenção de infringir as regras de sua utilização. Qualquer semelhança em nomes próprios e acontecimentos será mera coincidência.

FICHA CATALOGRÁFICA

CABRERA, Luciana Chimendes; ZAHN, Maurício; MOLTER, Alexandre; NACHTIGALL, Cícero; PERGHER, Rejane; COSTA, Camila Pinto da.

Tópicos de Matemática Básica

Rio de Janeiro: Editora Ciência Moderna Ltda., 2017.

1. Matemática
I — Título
ISBN: 978-85-399-0828-8   CDD 510

Editora Ciência Moderna Ltda.
R. Alice Figueiredo, 46 – Riachuelo
Rio de Janeiro, RJ – Brasil   CEP: 20.950-150
Tel: (21) 2201-6662/ Fax: (21) 2201-6896
E-MAIL: LCM@LCM.COM.BR
WWW.LCM.COM.BR

Prefácio

A ideia de escrever este livro originou-se logo após a primeira edição do Curso de Matemática Básica, do *Projeto de Ensino Tópicos de Matemática Elementar: Matemática Básica - Iniciação ao Cálculo*[1], em julho de 2010, onde ao ministrarem as aulas os autores sentiram a necessidade de elaborar um material direcionado aos objetivos e conteúdos do curso.

Ministrado aos alunos ingressantes na universidade, que cursarão disciplinas de Cálculo, Álgebra Linear e Geometria Analítica, o Curso de Matemática Básica visa solidificar sua formação, pois percebe-se que a maioria deles ingressa sem ter adquirido esses pré-requisitos para as novas disciplinas, um dos motivos pelo qual há um índice muito alto de reprovação nas disciplinas de Matemática, principalmente nos dois primeiros semestres de ingresso dos alunos.

Baseados então em nossa experiência como professores, reunimos neste livro os conteúdos de Matemática Básica, trabalhados no ensino fundamental e médio, que julgamos necessários para que o aluno obtenha um bom aproveitamento nas disciplinas de Matemática do ensino superior que irá cursar. Como o objetivo do livro é oportunizar aos estudantes uma revisão desses conteúdos, estudo este que será realizado em sua maior parte fora de um ambiente de sala de aula, procuramos utilizar uma linguagem simples na definição de cada conceito, seguido de exemplos nos quais detalhamos todos os procedimentos realizados na sua solução, para orientar, o máximo possível, o leitor na compreensão dos mesmos. A maioria das demonstrações das proposições e teoremas apresentadas neste livro não são dadas aqui por uma razão meramente prática, visto que queremos apresentar tais conteúdos de forma mais simples possível. Porém, os autores reforçam que as demonstrações são importantes e as omitidas aqui podem ser facilmente feitas e/ou encontradas nas referências bibliográficas apresentadas no final deste trabalho.

Embora este material seja direcionado para os alunos que presenciam os cursos de férias oferecidos pelo Projeto, ele é indicado também para quem deseja se preparar para provas de seleção de concursos, vestibular e ENEM. Vale ressaltar que este livro foi elaborado com o intuito autodidático, ou seja, para que qualquer pessoa, mesmo estudando individualmente, possa compreender os conteúdos com a leitura e a resolução dos exercícios que nele contém.

Desejamos que os usuários possam fazer bom proveito deste material.

Os autores.

---

[1] O Projeto de Ensino, do Departamento de Matemática e Estatística da Universidade Federal de Pelotas, tem a finalidade de complementar e solidificar a formação dos alunos, dos mais diversos cursos de graduação da UFPel, pelo reforço dos conhecimentos de Matemática Básica, pela monitoria prestada aos alunos cursantes das diferentes disciplinas de Matemática e por oportunizar aos monitores do projeto (acadêmicos em estágios mais avançados de seus cursos) o contato com a prática docente.

Sumário

1 Conjuntos — 1
  1.1 Conceitos iniciais — 1
    1.1.1 Noção de Conjunto — 1
    1.1.2 Elemento de um conjunto — 2
    1.1.3 Pertinência — 2
  1.2 Representação de um conjunto — 2
    1.2.1 Extensão — 2
    1.2.2 Compreensão — 3
    1.2.3 Diagrama de Venn — 3
  1.3 Alguns conjuntos especiais — 4
    1.3.1 Conjunto vazio — 4
    1.3.2 Conjunto universo — 4
    1.3.3 Subconjuntos — 5
    1.3.4 Conjunto das partes — 7
  1.4 Operações com conjuntos — 8
    1.4.1 União de conjuntos — 8
    1.4.2 Interseção de conjuntos — 9
    1.4.3 Diferença de conjuntos — 10
    1.4.4 Propriedades das operações com conjuntos — 15
  1.5 Exercícios — 16

2 Conjuntos Numéricos — 19
  2.1 Números naturais — 19
  2.2 Números inteiros — 20
  2.3 Números racionais — 20

2.4 Números irracionais 21
2.5 Números reais 21
2.6 Desigualdades e Intervalos 22
2.7 Exercícios 27
2.8 Potências em ℝ 28
    2.8.1 Propriedades das potências 30
2.9 Exercícios 32
2.10 Operações com frações 33
    2.10.1 Soma e subtração de frações 33
    2.10.2 Multiplicação de frações 36
    2.10.3 Divisão de frações 39
2.11 Exercícios 42
2.12 Operações com radicais 42
2.13 Exercícios 45
2.14 Racionalização de denominadores 46
2.15 Exercícios 49
2.16 Expressões Numéricas 50
2.17 Exercícios 52

3 Expressões Algébricas   **53**
  3.1 Definição de expressão algébrica 53
  3.2 Valor numérico de uma expressão algébrica 54
  3.3 Exercícios 55
  3.4 Produtos notáveis 56
    3.4.1 Quadrado da soma de dois termos 56
    3.4.2 Quadrado da diferença de dois termos 58
    3.4.3 Produto da soma pela diferença de dois termos . 58
    3.4.4 Diferença de dois cubos 59
  3.5 Exercícios 59
  3.6 Fatoração 60
  3.7 Exercícios 66
  3.8 Simplificação de frações algébricas 66
  3.9 Exercícios 69

4 Função   **71**
  4.1 Introdução 71

4.2	Definição de função	72
4.3	Lei de correspondência	73
4.4	Domínio e imagem	75
4.5	Representação gráfica de uma função	77
4.6	Função crescente e decrescente	78
4.7	Composição de funções	79
4.8	Transformações nas funções	82
	4.8.1 Translações verticais	83
	4.8.2 Translações horizontais	84
	4.8.3 Alongamentos e compressões verticais	87
	4.8.4 Alongamentos e compressões horizontais	89
	4.8.5 Reflexões	92
4.9	Função par e função ímpar	96
4.10	Exercícios	98
4.11	Funções inversíveis	99
4.12	Exercícios	101
4.13	Operações com funções	102
	4.13.1 Adição ou Soma	102
	4.13.2 Subtração ou Diferença	102
	4.13.3 Multiplicação ou Produto	103
	4.13.4 Divisão ou Quociente	103
4.14	Determinação do domínio de uma função real	104
4.15	Exercícios	107

5 Função Constante e de Primeiro Grau   **109**

5.1	Função polinomial	109
	5.1.1 Função polinomial de grau 0 ou função constante	110
	5.1.2 Função polinomial de grau 1 ou função afim	111
5.2	Exercícios	113
5.3	Inequações do primeiro grau	114
5.4	Exercícios	127

6 Função do Segundo Grau   **129**

6.1	Função polinomial do segundo grau ou função quadrática	129
6.2	Exercícios	131

6.3	Inequações do Segundo Grau	132
	6.3.1 Estudo do sinal	134
6.4	Exercícios	153

7 Função Modular 155
7.1	Módulo ou Valor Absoluto	155
7.2	Interpretação Geométrica do Valor Absoluto	156
7.3	Relação entre Raiz Quadrada e Valor Absoluto	156
7.4	Propriedades do Valor Absoluto	157
7.5	Equação Modular	158
7.6	Função Modular	159
7.7	Inequação Modular	162
7.8	Exercícios	168

8 Função Exponencial e Função Logarítmica 169
8.1	Equações exponenciais	169
8.2	Exercícios	171
8.3	Função exponencial	171
8.4	Exercícios	173
8.5	Logaritmo	173
8.6	Exercícios	175
8.7	Equações logarítmicas	175
8.8	Exercícios	177
8.9	Funções logarítmicas	178
8.10	Exercícios	180

9 Tópicos de Trigonometria 181
9.1	Medida de ângulos	181
9.2	Exercícios	185
9.3	Razões trigonométricas para o triângulo retângulo	185
9.4	Razões trigonométricas dos ângulos mais comuns	192
9.5	Identidades trigonométricas	194
9.6	Identidades trigonométricas da adição e subtração	197

9.7 Exercícios 200
9.8 Função seno 200
9.9 Exercícios 203
9.10 Função cosseno 204
9.11 Exercícios 205
9.12 Função tangente 206
9.13 Exercícios 207
9.14 Função cotangente 207
9.15 Exercícios 209
9.16 Função secante 210
9.17 Função cossecante 211
9.18 Exercícios 212
9.19 Exercícios Extras 213

A Anexos   **215**
A.1 Representação de dízimas periódicas na forma fracionária 215
A.2 Regra de sinais da multiplicação 216
A.3 Regra da divisão de frações 217
A.4 Dedução da fórmula de Bháskara 218

B Formulário   **219**

C Respostas   **227**

Índice Remissivo   **243**

Referências Bibliográficas   **246**

1 Conjuntos

A teoria matemática que trata dos conjuntos e suas propriedades fundamentais é chamada teoria dos conjuntos e teve seu início com a publicação, em 1874, de um trabalho de Cantor[1].

Neste capítulo, procuramos apresentar as primeiras noções e operações com conjuntos, que são a base para o desenvolvimento de vários conteúdos matemáticos, como funções e inequações. Assim, ao estudarmos este capítulo, devemos nos familiarizar à notação e adquirir habilidade em representar e realizar operações com conjuntos.

1.1 Conceitos iniciais

1.1.1 Noção de Conjunto

Não definimos um *conjunto* formalmente, consideramos que representa uma coleção, um agrupamento...

Costumamos denotar os conjuntos por letras maiúsculas.

---

[1] George Ferdinand Ludwing Philipp Cantor (1845-1918) foi um matemático russo de origem alemã. Ele elaborou a teoria de conjuntos e a partir desta teoria Cantor provou que os conjuntos infinitos não têm todos a mesma cardinalidade (cardinalidade significando "tamanho"). Fez a distinção entre conjuntos enumeráveis (em inglês chamam-se countable - que se pode contar, que são equivalentes, num certo sentido, ao conjunto dos números naturais) e conjuntos não enumeráveis (em inglês uncountable - que não se podem contar, que são equivalentes, num certo sentido, ao conjunto dos números reais. Estudaremos mais adiante os naturais e os reais, porém, não falaremos nas questões de enumerabilidade, não enumerabilidade e cardinalidade, por fugir do escopo deste livro. Quem se interessar pode consultar futuramente livros de Análise, tais como [4], [6] e [12]).

1.1.2 Elemento de um conjunto

É um dos componentes do conjunto.
   Costumamos denotar os elementos de um conjunto por letras minúsculas.

1.1.3 Pertinência

Usada para representar se um componente pertence ou não a determinado conjunto. Assim, se x for um elemento de um conjunto C, escrevemos "x pertence ao conjunto C" e usamos a notação $x \in C$.
   Se x não for um elemento de C, então escrevemos $x \notin C$.

Exemplo 1.1

a) Se P é o conjunto dos números pares, podemos escrever
$$2 \in P \text{ e } 3 \notin P.$$

b) Se V é o conjunto das vogais, escrevemos, por exemplo
$$i \in V \text{ e } b \notin V.$$

1.2 Representação de um conjunto

Para apresentarmos todos os elementos que pertencem a um conjunto, podemos utilizar três maneiras, que são as formas de representar um conjunto.

1.2.1 Extensão

Consiste em representar um conjunto listando os seus elementos.

Exemplo 1.2 Os conjuntos a seguir são exemplos de representação de conjuntos por extensão, pois em cada um deles listamos todos os elementos que pertencem a cada conjunto:

$$\begin{aligned} V &= \{a, e, i, o, u\} \\ B &= \{1, 2, 3, 4, 5, 6\} \\ P &= \{2, 4, 6, ...\} \end{aligned}$$

Na representação de um conjunto por extensão, conforme observamos no exemplo anterior, os elementos são colocados entre chaves e usa-se reticências para expressar que o conjunto é infinito, como no conjunto P.

Observamos, porém que nem sempre é possível usar este tipo de representação para certos conjuntos. Por exemplo, apenas a título de curiosidade, não poderíamos listar todos os números reais (vamos estudá-los mais tarde) entre 0 e 1, pois tal conjunto é não enumerável.

1.2.2 Compreensão

Consiste em representar um conjunto descrevendo uma ou mais propriedades de seus elementos. Escrevemos essa propriedade entre chaves, usando x (ou qualquer outra letra) para representar o elemento geral desse conjunto e a barra | (tal que), para indicar que começaremos a descrever a característica desses elementos.

Exemplo 1.3 Representamos por compreensão os conjuntos V, B e P na forma

$$V = \{x|\ x \text{ é uma vogal }\}$$
$$B = \{x \in \mathbb{N}|\ 0 < x < 7\}$$
$$P = \{x|\ x \text{ é um número par e } x \geq 2\}.$$

Observemos que na representação por compreensão dos conjuntos B e P para descrever suas propriedades foram usados os símbolos $<$ (menor que) e $\geq$ (maior ou igual a), exemplos de desigualdades, que serão estudadas com maior detalhe nos conjuntos numéricos, assim como a notação $x \in \mathbb{N}$ (conjunto dos números naturais), utilizada para expressar que os números são naturais.

1.2.3 Diagrama de Venn

Consiste em representar um conjunto graficamente usando uma curva fechada simples para englobar todos os seus elementos.

Exemplo 1.4 A representação dos conjuntos V e B, através do Diagrama de Venn é mostrada na figura 1.1.

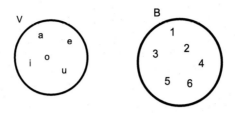

Figura 1.1: Representação de conjuntos por Diagrama de Venn.

1.3 Alguns conjuntos especiais

No estudo de vários conteúdos matemáticos, frequentemente nos deparamos com as expressões: conjunto vazio, conjunto universo, subconjunto e conjunto das partes e por esse motivo apresentamos resumidamente, nessa seção, a definição, exemplos e algumas propriedades de cada um desses conceitos.

1.3.1 Conjunto vazio

É um conjunto que não possui elementos e o representamos por { } ou por $\emptyset$.

Obtemos o conjunto vazio quando o descrevemos por meio de uma propriedade logicamente falsa.

Exemplo 1.5 São exemplos de conjunto vazio:

$$\begin{aligned} A &= \{x|\ x \text{ é ímpar e múltiplo de } 2\} = \emptyset, \\ B &= \{x|\ x > 0 \text{ e } x < 0\} = \emptyset. \end{aligned}$$

1.3.2 Conjunto universo

Num determinado contexto, o *conjunto universo*, que representamos por U, é considerado o conjunto que contém todos os elementos relacionados a este contexto.

Exemplo 1.6

a) Se $A = \{x|\ x$ é uma menina da escola T$\}$, então o conjunto universo pode ser considerado como sendo $U = \{x|\ x$ é aluno da escola T$\}$.

b) Se $V = \{x|\ x$ é uma vogal$\}$, então o conjunto universo pode ser considerado como sendo $U = \{x|\ x$ é letra do alfabeto$\}$.

1.3.3 Subconjuntos

Um conjunto A é um *subconjunto* de um conjunto B se, e somente se, todo elemento x pertencente a A também pertence a B.

Usamos a notação $A \subset B$ ("A está contido em B") para indicar que A é um subconjunto de B e na notação simbólica escrevemos:

$$A \subset B \Leftrightarrow \forall x\, (x \in A \Rightarrow x \in B).$$

Equivalentemente, podemos escrever $B \supset A$ ("B contém A").

Na figura 1.2a, fazemos a representação, no diagrama de Venn, de $A \subset B$.

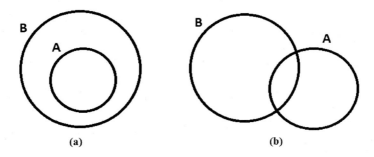

Figura 1.2: (a) $A \subset B$; (b) $A \not\subset B$.

Se em A existir pelo menos um elemento x tal que $x \notin B$, então dizemos que A não está contido em B, $A \not\subset B$, ou que B não contém A, $A \not\supset B$, cuja representação é mostrada na figura 1.2b.

Exemplo 1.7 Sejam os conjuntos $A = \{x|x$ é número par$\}$,

$B = \{x|x$ é número par entre 10 e 20$\}$ e $C = \{1, 2, 3, 4, \ldots\}$.

Temos então que

a) $B \subset A$: todos os elementos de B estão em A;

b) $A \supset B$: A contém todos os elementos de B;

c) $A \subset C$: todos os elementos de A estão em C;

d) $B \subset C$: todos os elementos de B estão em C;.

Algumas propriedades

i) $\emptyset \subset A$ (O conjunto vazio é subconjunto de qualquer conjunto.)

ii) $A \subset A$ (Todo conjunto é subconjunto de si próprio: *propriedade reflexiva*.)

iii) $A \subset B$ e $B \subset A \Rightarrow A = B$ (*propriedade anti-simétrica*).

iv) $A \subset B$ e $B \subset C \Rightarrow A \subset C$ (*propriedade transitiva*, representada na figura 1.3).

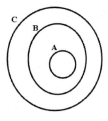

Figura 1.3: Propriedade Transitiva.

Exemplo 1.8

Sejam os conjuntos $A = \{1, 2, 3\}$, $B = \{x \in \mathbb{N}|\ x \leq 6\}$, $C = \{$primeiras duas letras do alfabeto$\}$ e $D = \{a, c, d, e\}$. Verifique se as afirmações a seguir são verdadeiras:

a) $B \subset A$ c) $D \subset D$
b) $\emptyset \subset A$ d) $C \not\subset D$.

Solução

Por extensão, escrevemos os conjuntos $B = \{0, 1, 2, 3, 4, 5, 6\}$ e $C = \{a, b\}$. Assim podemos observar que

a) $B \subset A$ é falso, pois $0 \in B$ e $0 \notin A$, logo $B \not\subset A$;

b) $\emptyset \subset A$ é verdadeiro pela propriedade (i);

c) $D \subset D$ é verdadeiro pela propriedade (ii);

d) $C \not\subset D$ é verdadeiro, pois $b \in C$ e $b \notin D$.

1.3.4 Conjunto das partes

Chama-se *conjunto das partes* de um conjunto E, representado por $P(E)$, o conjunto formado por todos os subconjuntos de E. Assim, dado E um conjunto, o conjunto $P(E)$ das partes de E é definido por

$$P(E) = \{A : A \subset E\}.$$

Observe que o conjunto das partes de E nunca é vazio, pois como $\emptyset \subset E$ e $E \subset E$, devido às propriedades (i) e (ii) dos subconjuntos vistas anteriormente, então $\emptyset \in P(E)$ e $E \in P(E)$, ou seja, qualquer que seja $E \neq \emptyset$, $P(E)$ sempre possui pelo menos dois elementos: o conjunto vazio e o próprio conjunto E.

Propriedade: se E é um conjunto que possui n elementos, então $P(E)$ terá 2^n elementos.

Exemplo 1.9 Determine o número de subconjuntos que pertencem ao conjunto das partes de cada um dos conjuntos dados e enumere-os:
 a) $C = \{a\}$;   b) $B = \{a, b\}$;   c) $A = \{a, b, c\}$.

Solução

a) Como o conjunto C tem um elemento, temos que $n = 1$ e assim o conjunto das partes terá $2^1 = 2$ elementos, que são

$$P(C) = \{\emptyset, \{a\}\}.$$

b) Como o conjunto B tem dois elementos, temos que $n = 2$ e assim o conjunto das partes terá $2^2 = 4$ elementos, que são

$$P(B) = \{\emptyset, \{a\}, \{b\}, \{a, b\}\}.$$

c) Como o conjunto A tem três elementos, temos que $n = 3$ e assim o conjunto das partes terá $2^3 = 8$ elementos, que são

$$P(A) = \{\emptyset, \{a\}, \{b\}, \{c\}, \{a, b\}, \{a, c\}, \{b, c\}, \{a, b, c\}\}.$$

A representação do conjunto das partes de A, através do diagrama de Venn, pode ser visualizado na figura 1.4.

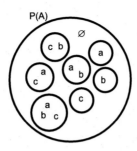

Figura 1.4: Conjunto das partes de A.

1.4 Operações com conjuntos

Pensemos na seguinte situação: *a fim de serem formadas equipes mistas, para participar de jogos escolares, foi realizado um levantamento entre os alunos de uma turma sobre a prática de futebol e de vôlei. O resultado obtido foi o seguinte: 19 alunos jogam vôlei, 27 jogam futebol, 12 jogam vôlei e futebol e 4 alunos não praticam nenhum desses esportes. A partir desses dados você conseguiria determinar, por exemplo, o número de alunos dessa turma? Quantos alunos poderiam participar das equipes? Quantos alunos jogam apenas futebol?*

Para responder essas questões devemos reunir em conjuntos os alunos que jogam futebol, os que jogam vôlei, considerando os alunos que não praticam esses esportes e os que praticam os dois ao mesmo tempo. Situações desse tipo são alguns exemplos onde aplicamos as operações entre conjuntos, assunto abordado nessa seção.

1.4.1 União de conjuntos

A *união* dos conjuntos A e B é o conjunto de todos os elementos que pertencem ao conjunto A **ou** ao conjunto B e é denotado por $A \cup B$.

Na notação simbólica escrevemos

$$A \cup B = \{x \mid x \in A \text{ ou } x \in B\}$$

e sua representação gráfica é apresentada na figura 1.5.

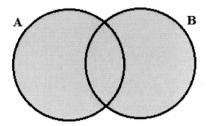

Figura 1.5: União dos conjuntos A e B: $A \cup B$.

Exemplo 1.10 Dados os conjuntos $A = \{a, e, i\}$, $B = \{3, 4\}$, $C = \{1, 2, 3\}$ e $D = \{x|\ x$ é vogal $\}$, determine
a) $A \cup B$; b) $B \cup C$; c) $A \cup D$.

Solução

a) Na união tomamos os elementos de A e os elementos de B reunindo-os em um único conjunto, assim

$$A \cup B = \{a, e, i, 3, 4\}.$$

b) Os conjuntos B e C têm um elemento em comum, que não precisa ser repetido na representação da união

$$B \cup C = \{1, 2, 3, 4\}.$$

c) Como $A \subset D$, observamos que a união resultará no próprio conjunto D

$$A \cup D = \{a, e, i, o, u\} = D.$$

1.4.2 Interseção de conjuntos

A *interseção* dos conjuntos A e B é o conjunto de todos os elementos que pertencem ao conjunto A e ao conjunto B. Denotamos por $A \cap B$.

Na notação simbólica escrevemos

$$A \cap B = \{x|\ x \in A \text{ e } x \in B\}$$

e sua representação gráfica é apresentada na parte em cor cinza da figura 1.6.

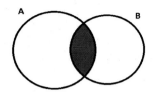

Figura 1.6: Interseção dos conjuntos A e B: $A \cap B$.

Exemplo 1.11 Sejam os conjuntos $A = \{a, e, i\}$, $B = \{3, 4\}$, $C = \{1, 2, 3\}$ e $D = \{x|\ x$ é vogal $\}$. Determine
 a) $A \cap D$;
 b) $B \cap C$;
 c) $A \cap B$.

Solução

 a) $A \cap D = \{a, e, i\} = A$;
 b) $B \cap C = \{3\}$;
 c) $A \cap B = \emptyset$.

Quando a interseção de dois conjuntos A e B é o conjunto vazio, dizemos que esses conjuntos são *disjuntos*.

1.4.3 Diferença de conjuntos

A *diferença* entre os conjuntos A e B é o conjunto de todos os elementos que pertencem ao conjunto A e **não** pertencem ao conjunto B.

Na notação simbólica escrevemos

$$A - B = \{x|\ x \in A \text{ e } x \notin B\}.$$

Graficamente, a operação $A - B$ é a parte em cor cinza do diagrama mostrada na figura 1.7.

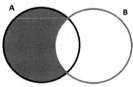

Figura 1.7: Diferença entre os conjuntos A e B: $A - B$.

Exemplo 1.12 Dados os conjuntos

$$A = \{x|\ x \text{ é uma vogal }\},$$
$$B = \{x|\ x \text{ é uma das duas primeiras letras do alfabeto}\},$$

determine $A - B$ e $B - A$.

Solução

Como $A = \{a, e, i, o, u\}$ e $B = \{a, b\}$, obtemos que $A - B = \{e, i, o, u\}$ e $B - A = \{b\}$, cuja representação apresentamos na figura 1.8.

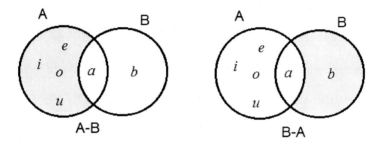

Figura 1.8: Diferença entre os conjuntos do exemplo 1.12.

A diferença entre dois conjuntos nos permite definir o conceito de conjunto *complementar*: se $B \subset A$, o complementar de B em relação a A, denotado por C_A^B é o conjunto $A - B$, ou seja, é o conjunto de todos os elementos que pertencem ao conjunto A e **não** pertencem ao conjunto B.

Escrevemos

$$C_A^B = A - B = \{x|\ x \in A \text{ e } x \notin B\}$$

e, graficamente, o complementar de B em relação a A pode ser visualizado como a parte em cor cinza do diagrama apresentado na figura 1.9.

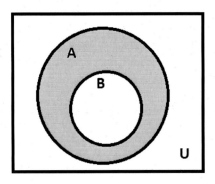

Figura 1.9: Complementar de B em relação a A.

Quando se trata do complementar de um conjnto B relativo a um universo U, nos referimos simplesmente ao *complementar de B*, o que será denotado por B'. Assim o complementar de B é representado por

$$B' = \{x|\ x \in U \text{ e } x \notin B\}$$

e é mostrado na parte em cor cinza da figura 1.10.

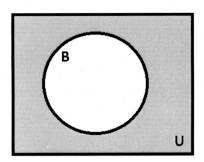

Figura 1.10: Complementar de B: B'.

Exemplo 1.13 Sejam os conjuntos $A = \{x|\ x$ é um número par; $2 \leq x \leq 10\}$

e
$$B = \{x \in \mathbb{N} | x \leq 10\}.$$

Determine:

a) $A - B$; b) $B - A$; c) C_B^A.

Solução

Como $A = \{2, 4, 6, 8, 10\}$ e $B = \{0, 1, 2, 3, 4, 5, 6, 7, 8, 9, 10\}$, temos que

a) $A - B = \emptyset$

b) $B - A = \{0, 1, 3, 5, 7, 9\}$

c) $C_B^A = B - A = \{0, 1, 3, 5, 7, 9\}$.

Exemplo 1.14 Estudadas as operações com conjuntos podemos resolver o problema proposto no início da seção: a fim de serem formadas equipes mistas, para participar de jogos escolares, foi realizado um levantamento em uma turma da escola T. O resultado obtido foi o seguinte: 19 alunos jogam vôlei, 27 jogam futebol, 12 jogam vôlei e futebol e 4 alunos não praticam nenhum desses esportes. Determine:

a) a quantidade de alunos que jogam apenas futebol;

b) o número de alunos que jogam apenas vôlei;

c) quantos alunos poderiam participar das equipes?

d) o número de alunos dessa turma.

Solução

Para respondermos a estas questões, consideremos os três conjuntos:

A = $\{x |$ x é aluno que joga futebol$\}$;
B = $\{x |$ x é aluno que joga vôlei$\}$;
C = $\{x |$ x é aluno que não pratica nenhum desses esportes$\}$.

O número de elementos do conjunto C é conhecido, pois há 4 alunos que não praticam nenhum desses esportes. Podemos ir representando esses dados num diagrama de Venn, conforme é mostrado na figura 1.11.

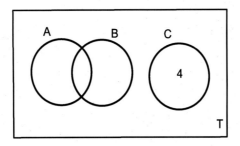

Figura 1.11: Representação do número de elementos do conjunto C.

Observemos que na representação da figura 1.11, há uma interseção entre os conjuntos A e B, enquanto C é disjunto com A e B. O número de alunos que pertencem a esta interseção, $A \cap B$, também é conhecido, pois sabemos que há 12 alunos que praticam os dois esportes. A partir daí podemos começar a responder as perguntas.

a) Como o número total de alunos que joga futebol é 27, então os alunos que jogam apenas futebol (os que pertencem somente ao conjunto A, ou seja os que pertencem a $A-B$) são 15. Representamos esse valor no diagrama mostrado na figura 1.12.

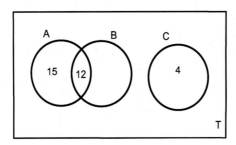

Figura 1.12: Representação do número de elementos do conjunto A.

b) De forma semelhante ao item (a), determinamos o número de alunos que joga apenas vôlei: dos 19 alunos, que pertencem ao conjunto B, subtraímos os 12 que já estão considerados na interseção (aqui estamos contando os elementos do conjunto $B - A$) e obtemos que 7 alunos jogam apenas vôlei. Obtemos então a representação mostrada na figura 1.13.

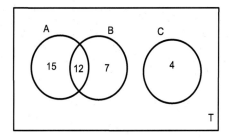

Figura 1.13: Representação do número de elementos de A, B e C.

c) Os alunos que participarão das equipes são os que pertencem ao conjunto A ou ao conjunto B. Então os alunos que participarão dos jogos pertencem a $A \cup B$, num total de 34 alunos.

d) O número de alunos da turma é formado pela união de todos os conjuntos, $A \cup B \cup C$, assim podemos concluir que na turma há 38 alunos.

1.4.4 Propriedades das operações com conjuntos

Apresentamos a seguir algumas propriedades que comumente utilizamos ao operar com conjuntos.

Propriedades da união

U.1 - $A \cup A = A$.

U.2 - $A \cup \emptyset = A$: o conjunto vazio é um elemento neutro, pois qualquer outro subconjunto de A unido a ele, resultaria no próprio conjunto A.

U.3 - $A \cup B = B \cup A$: a união é comutativa.

U.4 - $A \cup U = U$: o conjunto universo é o elemento absorvente.

Propriedades da interseção

I.1 - $A \cap A = A$.

I.2 - $A \cap \emptyset = \emptyset$: o conjunto vazio é o elemento absorvente.

I.3 - $A \cap B = B \cap A$: a interseção é comutativa.

I.4 - $A \cap U = A$.

Propriedades da diferença

D.1 - $A - A = \emptyset$.

D.2 - $A - \emptyset = A$: o conjunto vazio é o elemento neutro.

D.3 - $A - B \neq B - A$: a diferença não é comutativa.

D.4 - $U - A = A'$.

Propriedades do complemento

C.1 - $(A')' = A$.

C.2 - $\emptyset' = U$: o complementar do conjunto vazio é o conjunto universo.

C.3 - $U' = \emptyset$: o complementar do conjunto universo é o conjunto vazio.

C.4 - $(A \cup B)' = A' \cap B'$.

C.5 - $(A \cap B)' = A' \cup B'$.

As propriedades **C.4** e **C.5** são conhecidas como Leis de De Morgan.

1.5 Exercícios

1. Dados os conjuntos $A = \{1, 2, 3, 4\}$ e $B = \{2, 4, 5\}$, diga se é verdadeiro ou falso:

    (a) $2 \in A$

    (b) $4 \in B$

    (c) $1 \notin B$

    (d) $A = B$

(e) $2 \in (A - B)$ (g) $5 \in (A \cup B)$
(f) $2 \notin (A \cap B)$ (h) $1 \notin C_A^B$

2. Considere os conjuntos $A = \{2, 4, 6, 8, 10, 12\}$, $B = \{3, 6, 9, 12, 15\}$ e $C = \{0, 5, 10, 15, 20\}$. Determine:

   (a) $A \cap B$
   (b) $A \cup B$
   (c) $C - A$
   (d) $(A \cap B) \cap C$
   (e) $A \cap (B \cup C)$
   (f) $(A \cap B) \cup (B - A)$
   (g) $(A \cap B) \cap (B \cup C)$

3. Represente no diagrama de Venn os conjuntos $A = \{1, 2, 4, 5, 8\}$, $B = \{2, 3, 4, 6, 7\}$, $C = \{4, 5, 6, 8, 9\}$ e determine:

   (a) $A - B$
   (b) $A \cap B$
   (c) $A \cap C$
   (d) $B \cap C$
   (e) $A \cap B \cap C$
   (f) $(A \cup B) \cap C$

4. Observando o diagrama de Venn apresentado na figura abaixo, determine:

   (a) A
   (b) B
   (c) C
   (d) $A \cup B$
   (e) $B \cap C$
   (f) $A \cap B \cap C$
   (g) $B - (A \cup C)$

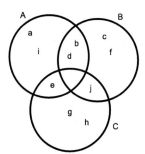

5. Considerando os conjuntos

   $A = \{x|\ x$ é mês do ano$\}$,
   $B = \{x|\ x$ é mês do ano que inicia com a letra j$\}$,

verifique se as seguintes afirmações são verdadeiras ou falsas:

(a) $A \subset B$

(b) $B - A = \{x|\ x$ é mês do ano que não inicia com a letra j$\}$

(c) $B \subset A$

(d) $A \cup B = A$

6. Considere os conjuntos A, B e C, com 14, 15 e 7 elementos, respectivamente. Sabendo que C é disjunto de A e que a quantidade de elementos de $A \cap B$ é 5 e de $C - B$ é 4, determine o número de elementos de:

(a) $A - B$

(b) $B - A$

(c) $B \cap C$

(d) $A \cup B \cup C$

(e) $A \cap B \cap C$

7. Numa turma de terceiro ano do ensino médio, com 40 alunos, serão realizados grupos de estudo para revisar os conteúdos das disciplinas de Matemática e Física. Verificou-se que 19 alunos precisariam revisar Física, 23 Matemática e 10 alunos as duas disciplinas. Pergunta-se:

(a) quantos alunos participariam somente do grupo de estudo de Matemática?

(b) quantos alunos participariam somente do grupo de estudo de Física?

(c) na turma há alunos que não precisariam participar desses grupos?

2 Conjuntos Numéricos

No capítulo anterior, estudamos de forma geral os conjuntos e suas propriedades. Aqui estenderemos este estudo mais especificamente aos conjuntos numéricos, aos quais pertencem os números que comumente utilizamos nas operações matemáticas. Como os assuntos posteriores necessitam da compreensão deste, esperamos empenho do leitor na aprendizagem de cada tópico aqui apresentado. Aconselhamos a não passar ao próximo assunto sem obter total segurança no que está estudando, pois a habilidade em operar com números reais garantirá sucesso no estudo de outros conteúdos matemáticos.

2.1 Números naturais

Os *números naturais* surgiram na história da humanidade em tempos muito antigos, quando o homem teve necessidade de fazer contagens para responder à questão "Quantos são?" ou "Quantas são?"[1]. Assim, o conjunto dos números naturais é denotado por

$$\mathbb{N} = \{0, 1, 2, 3, 4, \ldots\}.$$

Quando não desejarmos incluir o zero no conjunto, usamos *, obtendo

$$\mathbb{N}^* = \{1, 2, 3, 4, \ldots\}.$$

Alguns autores consideram que o zero não é um número natural, pois num processo de contagem não se conta $0, 1, 2, \ldots$ e sim $1, 2, \ldots$, mas isto é apenas uma questão de convenção.

---

[1] Acredita-se que por volta de 30.000 anos atrás, nossos antepassados começaram a se preocupar com o registro quantitativo de entes e coisas ligadas à sua vida, ou seja, contar objetos e, por consequência, a associar números a essas coleções.

2.2 Números inteiros

Com o objetivo de indicar débitos, os hindus introduziram na matemática os números negativos[2] $\{-1, -2, -3, -4, \ldots\}$. Esses números, juntamente com os números naturais formam o conjunto dos *números inteiros*

$$\mathbb{Z} = \{\ldots, -3, -2, -1, 0, 1, 2, 3, \ldots\}.$$

É comum também a utilização de subconjuntos dos números inteiros. São eles:

$$\begin{aligned}
\mathbb{Z}^* &= \mathbb{Z} - \{0\} = \{\ldots, -3, -2, -1, 1, 2, 3, \ldots\}. \\
\mathbb{Z}_+ &= \mathbb{N} = \{0, 1, 2, 3, \ldots\} : \text{Inteiros não negativos.} \\
\mathbb{Z}_- &= \{\ldots, -3, -2, -1, 0\} : \text{Inteiros não positivos.} \\
\mathbb{Z}_+^* &= \{1, 2, 3, \ldots\} : \text{Inteiros positivos.} \\
\mathbb{Z}_-^* &= \{\ldots, -3, -2, -1\} : \text{Inteiros negativos.}
\end{aligned}$$

2.3 Números racionais

Os números da forma $\dfrac{p}{q}$, com $q \neq 0$, onde p e q são inteiros, são chamados de frações e formam o conjunto dos *números racionais*:

$$\mathbb{Q} = \left\{ \frac{p}{q} \mid p \in \mathbb{Z}, q \in \mathbb{Z}^* \right\}.$$

Ou seja, se ao conjunto dos números inteiros acrescentarmos as frações, obtemos o conjunto dos números racionais. São exemplos de números racionais:

$$\frac{3}{5}; \ \frac{2}{7}; \ -\frac{1}{5}; \ \frac{-3}{2}; \ \frac{8}{-3}; \ 3; \ -5; \ 0.$$

Também são racionais os decimais exatos e as dízimas periódicas, que podem ser transformadas em frações:

$$7,26 = \frac{726}{100}; \qquad 0,77777\ldots = \frac{7}{9}.$$

Um método para se obter a representação em fração de uma dízima periódica é apresentado na seção A.1 do apêndice A.

---

[2]O primeiro registro do uso de números negativos de que se tem notícia foi feito pelo matemático e astrônomo hindu Brahmagupta (598-665), que já conhecia inclusive as regras para as quatro operações com números negativos.

2.4 Números irracionais

Além das representações decimais finitas e das infinitas periódicas, tem-se representações decimais infinitas não periódicas. Estes são chamados *números irracionais* ($\mathbb{I}$). O primeiro número irracional descoberto foi $\sqrt{2} = 1.414213562\ldots$. Também $\pi = 3,141592\ldots$[3] e o número de Euler $e = 2,718\ldots$[4] são números irracionais.

2.5 Números reais

Juntando os números irracionais aos números racionais, obtém-se o que é chamado de conjunto dos *números reais* ($\mathbb{R}$). Desta forma, qualquer número racional ou irracional é chamado de número real, pois

$$\mathbb{R} = \mathbb{Q} \cup \mathbb{I}.$$

Pode-se ilustrar a relação entre os conjuntos numéricos da forma mostrada na figura 2.1.

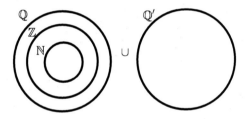

Figura 2.1: Representação dos números reais.

---

[3]O número π é obtido dividindo-se o comprimento de uma circunferência C, pelo seu diâmetro $2r$. Computacionalmente, obtém-se esse valor com tantas casas decimais se deseje. Aqui, apresentamos uma aproximação com 200 casas decimais: $\pi = 3.1415926535897932384626433832795028841971693993751058209749445923078164062862089986280348253421170679821480865132823066470938446095505822317253594081284811174502841027019385211055596446229489549303820\ldots$

[4]O número de Euler é utilizado como uma importante base no estudo de exponenciais e logaritmos, como você verá adiante, em outros capítulos. Uma aproximação, com 200 casas decimais é
$e = 2.71828182845904523536028747135266249775724709369995957496696762772407663035354759457138217852516642742746639193200305992181741359662904357290033429526059563073813232862794349076323382988075319525101 90\ldots$

Uma outra forma de representar os números reais é mostrada na figura 2.2, chamada de *reta real*. O símbolo ∞, denominado *infinito*, numa concepção natural e intuitiva indica algo que pode ser aumentado, continuado ilimitadamente, ou seja, tanto quanto se queira. Assim, +∞ (mais infinito) e −∞ (menos infinito) são usados para expressar, respectivamente, o sentido de crescimento dos números reais positivos e decrescimento dos números reais negativos indefinidamente.

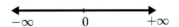

Figura 2.2: Representação dos números reais na reta.

Observação 2.1   O conjunto dos números irracionais é o conjunto complementar dos números racionais em relação aos reais.

Observação 2.2   A divisão por zero não é permitida, pois leva a inconsistências matemáticas.

De fato, se a divisão por zero fosse possível, existiria um número real x tal que $x = \dfrac{1}{0}$, resultando que $0.x = 1$, ou seja, uma incorreção.

2.6 Desigualdades e Intervalos

Usamos as *desigualdades* < (menor que), ≤ (menor ou igual a), > (maior que) e ≥ (maior ou igual a), para descrever, por exemplo, a ordem dos números sobre a reta real.

Exemplo 2.1

a) $2 < 3 \Rightarrow 2$ é menor que 3,

b) $3 > 2 \Rightarrow 3$ é maior que 2,

c) $2 < 3 < 4 \Rightarrow 2$ é menor que 3 e 3 é menor que 4,

d) $-2 > -5 \Rightarrow -2$ é maior que -5,

e) $-2 < 0 \Rightarrow -2$ é menor que 0,

f) $-1 > -2 \Rightarrow -1$ é maior que -2.

As desigualdades também são utilizadas para descrever subconjuntos dos números reais, chamados de *intervalos*. Os intervalos são segmentos da reta real.

Exemplo 2.2 Represente por compreensão o conjunto A dos números reais que são maiores ou iguais a -1 e menores do que 3.

Solução

Usando as desigualdades, escrevemos por compreensão

$$A = \{x \in \mathbb{R} \mid -1 \leq x < 3\}.$$

Os intervalos podem ser limitados ou ilimitados. Na tabela 2.1, apresentamos os *intervalos limitados* de a à b, onde os extremos do intervalo (a extremo esquerdo e b extremo direito) são números reais.

Tabela 2.1: Intervalos Numéricos Limitados

Denominação	Notação	Representação na reta real
Intervalo aberto	$(a,b) = \{x \in \mathbb{R} \mid a < x < b\}$	
Intervalo fechado	$[a,b] = \{x \in \mathbb{R} \mid a \leq x \leq b\}$	
Intervalo semiaberto à esquerda	$(a,b] = \{x \in \mathbb{R} \mid a < x \leq b\}$	
Intervalo semiaberto à direita	$[a,b) = \{x \in \mathbb{R} \mid a \leq x < b\}$	

Ao realizarmos operações entre intervalos pode ser útil primeiro representar cada intervalo na reta real e depois efetuarmos a operação, obtendo assim uma visualização dos intervalos e da solução.

Exemplo 2.3 Considerando os intervalos

$$A = (-3,4) = \{x \in \mathbb{R} |\, -3 < x < 4\},$$
$$B = [0,6] = \{x \in \mathbb{R} |\, 0 \leq x \leq 6\},$$

determine:

a) $A \cup B$ b) $A \cap B$ c) $A - B$.

Solução

Para realizarmos estas operações, representaremos na reta real cada intervalo, dispondo-os um abaixo do outro, para melhor visualização das interseções que possam existir e, no final, representamos uma reta com o resultado da operação.

a) Observamos, na figura 2.3, que no primeiro segmento de reta representamos o intervalo aberto $A = (-3, 4)$ e no segundo, o intervalo fechado $B = [0, 6]$. Como queremos calcular $A \cup B$, no último segmento representamos todos os elementos que pertencem a A, juntamente com todos os que pertencem a B. Assim $A \cup B = (-3, 6] = \{x \in \mathbb{R} |\, -3 < x \leq 6\}$.

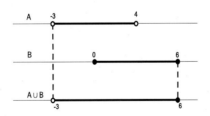

Figura 2.3: Solução do exemplo 2.3a.

b) Na figura 2.4, no último segmento de reta representamos a solução de $A \cap B$. Observamos que na solução obtivemos um intervalo semiaberto à direita, pois o número 4 não é um elemento de A.

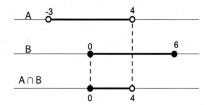

Figura 2.4: Solução do exemplo 2.3b

Assim $A \cap B = [0, 4) = \{x \in \mathbb{R} \mid 0 \leq x < 4\}$.

c) Na figura 2.5, no último segmento representamos $A - B$. Obtivemos um intervalo aberto, pois como o número zero pertence ao intervalo B, ele foi retirado de A.

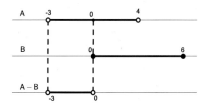

Figura 2.5: Solução do exemplo 2.3c

Assim $A - B = (-3, 0) = \{x \in \mathbb{R} \mid -3 < x < 0\}$.

Se uma das extremidades do intervalo não for limitada por um número real, então dizemos que o intervalo é *ilimitado* e usamos os símbolos $+\infty$ (mais infinito) e $-\infty$ (menos infinito). Apresentamos os tipos de intervalos ilimitados na tabela 2.2.

Tabela 2.2: Intervalos Numéricos Ilimitados

Notação	Representação na reta real
$[a, +\infty) = \{x \in \mathbb{R}\mid a \leq x\}$	
$(a, +\infty) = \{x \in \mathbb{R}\mid a < x\}$	
$(-\infty, b] = \{x \in \mathbb{R}\mid x \leq b\}$	
$(-\infty, b) = \{x \in \mathbb{R}\mid x < b\}$	
Reais não negativos: $\mathbb{R}_+ = [0, +\infty)$	
Reais não positivos: $\mathbb{R}_- = (-\infty, 0]$	

Nas próximas seções, trabalharemos as operações básicas com números reais, que envolvem a potenciação, as operações com frações e com radicais.

2.7 Exercícios

1. Entre os termos *inteiro*, *racional* e *irracional*, qual se aplica ao número dado?

   (a) $-\dfrac{3}{4}$

   (b) $0,25$

   (c) $0,020202\ldots$

   (d) 0

   (e) $-\sqrt{16}$

   (f) $7,000\ldots$

   (g) $\dfrac{24}{8}$

   (h) $2^{\frac{1}{2}}$

   (i) $0,3131131113111\ldots$

   (j) $0,729999\ldots$

   (k) $0,376237623762\ldots$

   (l) $17\dfrac{4}{5}$

2. Em cada linha da tabela abaixo, verifique os blocos que descrevem uma relação válida entre os números a e b, se houver alguma.

a	b	$a>b$	$a\leq b$	$a<b$	$a\geq b$	$a=b$
1	6					
6	1					
-3	5					
5	-3					
-4	-4					
$0,25$	$\dfrac{1}{3}$					
$-\dfrac{1}{4}$	$-\dfrac{3}{4}$					

3. Em cada item, expresse o conjunto na forma de compressão:

   (a) $\{1, 3, 5, 7, 9\ldots\}$

   (b) o conjunto dos inteiros pares

   (c) o conjunto dos números irracionais

   (d) $\{7, 8, 9, 10\}$

4. Represente graficamente os intervalos a seguir e verifique se os números

$$5;\quad \pi;\quad \sqrt{5};\quad -0,2;\quad \dfrac{5}{2};$$

   pertencem a cada intervalo:

(a) $A = [-2, 5)$

(b) $B = (2, 7)$

(c) $C = (6, +\infty)$

5. Sendo: $A = [-2, 5)$, $B = (2, 7)$ e $C = (6, +\infty)$. Determine:

    (a) $A \cap C$

    (b) $A \cap B$

    (c) $A - B$

    (d) $A \cup C$

    (e) $(A \cup C) \cup B$

    (f) $(A - C) \cap B$

6. Sendo $U = \mathbb{R}$, represente cada um dos intervalos indicados por compressão e na reta real:

    (a) conjunto dos números maiores que -3 e menores que 1;

    (b) conjunto dos números menores ou iguais a -4;

    (c) conjunto dos números maiores que -1 ou menores que -3.

2.8 Potências em $\mathbb{R}$

As multiplicações em que os fatores são repetidos, por exemplo

$$\frac{1}{2} \cdot \frac{1}{2} \cdot \frac{1}{2} \cdot \frac{1}{2} \cdot \frac{1}{2} \cdot \frac{1}{2} \cdot \frac{1}{2} \cdot \frac{1}{2},$$
$$(-5) \cdot (-5) \cdot (-5) \cdot (-5) \cdot (-5) \cdot (-5),$$

podem ser escritas de uma forma mais simplificada, representando o fator e o número de vezes que ele se repete, na forma de potências, conforme definimos a seguir.

Definição 2.1 Dados um número real a, $a \neq 0$ e $m \in \mathbb{Z}$, definimos a *potência* a^m por

$$a^m = \begin{cases} 1, & \text{se } m = 0 \\ \underbrace{a \cdot a \ldots a}_{m \text{ fatores}}, & \text{se } m > 0 \\ \dfrac{1}{\underbrace{a \cdot a \ldots a}_{-m \text{ fatores}}}, & \text{se } m < 0. \end{cases}$$

Na potência, chamamos a de *base* e m de *expoente*.

Definição 2.2 Se $m \in \mathbb{Q}$, ou seja, se $m = \dfrac{p}{q}$ é um número racional, definimos a potência fracionária por
$$a^{p/q} = \sqrt[q]{a^p}.$$

Exemplo 2.4 Calcule as seguintes potências

a) $(-2)^4$; b) $\left(-\dfrac{2}{3}\right)^5$; c) $\left(\dfrac{2}{3}\right)^{-3}$; d) $\left(-\dfrac{3}{4}\right)^0$; e) $9^{1/2}$.

Solução

Em cada um dos casos, observamos o valor do expoente m e aplicamos a definição de potência.

a) Pela definição, como $m = 4 > 0$, então a base (-2) aparece quatro vezes como fator:
$$(-2)^4 = (-2) \cdot (-2) \cdot (-2) \cdot (-2) = 16.$$

b) Análogo ao item anterior, temos $m = 5 > 0$, assim
$$\left(-\dfrac{2}{3}\right)^5 = \left(-\dfrac{2}{3}\right) \cdot \left(-\dfrac{2}{3}\right) \cdot \left(-\dfrac{2}{3}\right) \cdot \left(-\dfrac{2}{3}\right) \cdot \left(-\dfrac{2}{3}\right) = -\dfrac{32}{243}.$$

c) Como $m = -3 < 0$, então calculamos a potência no denominador:
$$\left(\dfrac{2}{3}\right)^{-3} = \dfrac{1}{\left(\dfrac{2}{3}\right) \cdot \left(\dfrac{2}{3}\right) \cdot \left(\dfrac{2}{3}\right)} = \dfrac{1}{\dfrac{8}{27}} = \dfrac{27}{8}.$$

Observamos que este cálculo é equivalente a invertermos a base e depois calcularmos a potência:

$$\left(\frac{2}{3}\right)^{-3} = \left(\frac{3}{2}\right)^3 = \left(\frac{3}{2}\right) \cdot \left(\frac{3}{2}\right) \cdot \left(\frac{3}{2}\right) = \frac{27}{8}.$$

d) Pela definição, quando $m = 0$, a potência será sempre 1, assim:

$$\left(-\frac{3}{4}\right)^0 = 1.$$

e) Pela definição de potência fracionária

$$9^{1/2} = \sqrt{9} = 3.$$

Podemos observar que no exemplo 2.4a e 2.4b trabalhamos com a regra de sinais para a multiplicação, mostrada na tabela 2.3. Uma prova desses resultados é apresentada na seção A.2 do anexo A.

Tabela 2.3: Regra de sinais para a multiplicação.

Fatores	Produto	Observação
menos × menos mais × mais	mais mais	O produto de dois números com o mesmo sinal será sempre positivo.
mais × menos menos × mais	menos menos	O produto de dois números com sinais diferentes, será sempre negativo.

2.8.1 Propriedades das potências

Dados $a, b \in \mathbb{R}$ e $m, n \in \mathbb{Q}$, valem as propriedades

(i) $a^m \cdot a^n = a^{m+n}$,

(ii) $\dfrac{a^m}{a^n} = a^{m-n}$,

(iii) $(a^m)^n = a^{m \cdot n}$,

(iv) $(a \cdot b)^m = a^m \cdot b^m$.

A demonstração das propriedades segue direto da definição de potência e das propriedades da multiplicação e poderá ser realizada como exercício.

Exemplo 2.5 Utilizando as propriedades de potências calcule

a) $3^3 \cdot 3^2$;

b) $\dfrac{100}{1000}$;

c) $(2^3)^2$;

d) $(2^3)^{2/3}$.

Solução

a) Como as bases são iguais, usamos a propriedade (i), somando os expoentes
$$3^3 \cdot 3^2 = 3^{3+2} = 3^5 = 243.$$

b) Depois de transformarmos os números em bases iguais, usaremos a propriedade (ii), diminuindo os expoentes
$$\frac{100}{1000} = \frac{10^2}{10^3} = 10^{2-3} = 10^{-1} = \frac{1}{10}.$$

Nos dois casos a seguir, usaremos a propriedade (iii), multiplicando os expoentes:

c) $(2^3)^2 = 2^{2 \cdot 3} = 2^6 = 64$;

d) $(2^3)^{2/3} = 2^{3 \cdot \frac{2}{3}} = 2^2 = 4$.

Exemplo 2.6 Considerando $a \neq 0$, mostre que $a^0 = 1$.

Solução

Como $0 = m - m$ e pela propriedade (ii), podemos escrever
$$a^0 = a^{m-m} = \frac{a^m}{a^m} = 1.$$

2.9 Exercícios

1. Calcule as seguintes potências:

   (a) $(-2)^3$
   (b) $(-2)^2$
   (c) -2^2
   (d) $\left(\dfrac{2}{3}\right)^3$
   (e) $\left(-\dfrac{3}{4}\right)^3$
   (f) $\left(-\dfrac{3}{4}\right)^2$

   (g) 2^{-2}
   (h) $(-2)^{-2}$
   (i) -3^{-3}
   (j) $\left(\dfrac{2}{3}\right)^{-2}$
   (k) $\left(\dfrac{3}{2}\right)^{-1}$
   (l) $\left(\dfrac{1}{4}\right)^{-3}$

   (m) $\left(-\dfrac{2}{3}\right)^{-3}$
   (n) $\left(-\dfrac{1}{3}\right)^{-2}$
   (o) $\left(\dfrac{4}{5}\right)^{2}$
   (p) 3^{2^3}
   (q) $\left(3^2\right)^3$
   (r) $(3 \cdot 5)^3$

2. (MACKENZIE-SP) Considere as seguintes afirmações:

   - $(0,001)^{-3} = 10^9$
   - $-2^{-2} = \dfrac{1}{4}$
   - $(a^{-1} + b^{-1}) = a^2 + b^2$

   Associando V ou F a cada afirmação, nesta ordem, conforme seja verdadeiro ou falso, tem-se

   a) (V,V,V)   b) (V,V,F)   c) (V,F,V)   d) (F,V,F)   e) (V,F,F)

3. (FATEC-SP) Se $A = (-3)^2 - 2^2$, $B = -3^2 + (-2)^2$ e $C = (-3-2)^2$, então $C + A \cdot B$ é igual a :

   a) -150 b) -100 c) 50 d) 10 e) 0

4. Se $a \cdot b \neq 0$, simplifique as expressões:

   (a) $\left(a^{-1} \cdot b^3\right)^{-2} \cdot \left(a^3 \cdot b^{-2}\right)^3$
   (b) $\dfrac{\left(a^5 \cdot b^3\right)^2}{\left(a^{-4} \cdot b\right)^{-3}}$
   (c) $\left(\dfrac{a^3 \cdot b^{-4}}{a^{-1} \cdot b^2}\right)^3$

5. Qual é o maior, $0,001 \cdot 10^{-5}$ ou $0,1 \cdot 10^{-7}$?

6. Calcule o valor da soma $1,6 \cdot 10^{-19} + 42 \cdot 10^{-20}$.

2.10 Operações com frações

Ao trabalharmos com os números reais, é necessário termos um domínio também de como operarmos com frações. Lembramos aqui as operações básicas de soma, subtração, multiplicação e divisão, visto que a definição e propriedades de potenciação já foram estudadas e na próxima seção abordaremos a radiciação.

2.10.1 Soma e subtração de frações

Para somar ou subtrair frações é necessário que se reduza os seus denominadores em um denominador comum. Isto pode ser ilustrado através de um exemplo bem simples: não podemos somar as medidas 12cm com 10mm diretamente. Ou seja, fazer 12 + 10= 22 (22 o quê?) é errado, visto que uma das medidas está expressa em centímetros e outra em milímetros. Para somá-las, precisamos reduzir a um mesmo tipo de medida. Assim, sendo que 1cm corresponde a 10mm, temos, na verdade, 12cm = 12 × 10mm = 120mm e, portanto 12cm + 10mm = 120mm + 10mm = 130mm = 13cm.

Da mesma forma, perguntamos: como efetuar a soma $\frac{2}{3} + \frac{1}{4}$?

Para isto teremos de reduzir a frações com mesmo denominador. Daí podemos somar os numeradores. Por exemplo, $\frac{1}{2} + \frac{1}{2} = \frac{1+1}{2} = \frac{2}{2} = 1$, o que faz sentido, pois a soma de duas metades é um inteiro, como mostrado na figura 2.6.

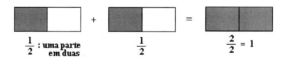

Figura 2.6: Representação de um inteiro.

Voltando à questão levantada, que consiste em obter a soma $\frac{2}{3} + \frac{1}{4}$, vamos inicialmente representá-las em esquemas como mostrado na figura 2.7.

As áreas dos retângulos da divisão $\frac{2}{3}$ são maiores do que a área do retângulo da divisão $\frac{1}{4}$, portanto é necessário representá-los com divisões de mesmo tamanho, para podermos somá-los.

$\frac{2}{3}$: 2 partes em 3 $\frac{1}{4}$: 1 parte em 4

Figura 2.7: Representação das frações $\frac{2}{3}$ e $\frac{1}{4}$.

Para isso, observamos que os denominadores 3 e 4 possuem 12 como o mínimo múltiplo comum entre eles, ou seja, m.m.c.(3,4)=12. Desta forma, vamos dividir cada um dos 3 retângulos em 4 outros retângulos (pois $\frac{12}{3} = 4$) e o outro bloco com 4 retângulos será dividido, cada retângulo, por 3 (pois $\frac{12}{4} = 3$). Desta forma, estamos obtendo frações equivalentes às anteriores, mas que possuem o mesmo denominador, como pode ser visualizado na figura 2.8.

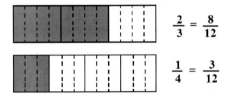

Figura 2.8: Representação de frações equivalentes.

Agora basta somarmos as frações obtidas, o que na figura 2.8 significa juntar as partes em cinza dos dois retângulos num só.

$$\frac{8}{12} + \frac{3}{12} = \frac{11}{12} \Rightarrow \frac{2}{3} + \frac{1}{4} = \frac{11}{12}.$$

Na prática, isto é feito da seguinte forma: como 12 = m.m.c.(3,4), escrevemos

$$\frac{2}{3} + \frac{1}{4} = \frac{}{12}.$$

Depois encontramos a fração equivalente da primeira parcela : dividimos 12 (m.m.c) por 3 (denominador) e multiplicamos por 2 (numerador), obtendo 8 (novo numerador).

$$\frac{2}{3} + \frac{1}{4} = \frac{8+}{12}.$$

Para a outra fração, dividimos 12 (m.m.c) por 4 (denominador) e multiplicamos por 1 (numerador), obtendo 3 (novo numerador). Agora podemos somar os numeradores

$$\frac{2}{3} + \frac{1}{4} = \frac{8+3}{12} = \frac{11}{12}.$$

De forma geral, primeiro reduzimos a frações equivalentes, fazendo:
- o m.m.c. dos denominadores;
- dividindo o m.m.c. pelo denominador de cada fração e multiplicando pelo seu respectivo numerador e finalmente, somamos ou subtraímos os numeradores obtidos, mantendo o m.m.c. no denominador.

Similar à adição é a representação geométrica da subtração de frações, diferenciando-se dela porque diminuimos as partes em vez de juntá-las.

Exemplo 2.7 Determine o valor das seguintes somas

a) $\frac{3}{8} + \frac{2}{8}$; b) $-\frac{5}{3} + \frac{2}{5}$; c) $\frac{2}{5} + 3$.

Solução

a) Nessa soma, os denominadores são iguais, significando que estamos trabalhando com partes que possuem tamanhos iguais, assim vamos apenas juntá-las

$$\frac{3}{8} + \frac{2}{8} = \frac{3+2}{8} = \frac{5}{8}.$$

b) Tomando os denominadores, calculamos inicialmente m.m.c.(3, 5) = 15. Agora transformamos as frações em outras equivalentes, que possuem o mesmo denominador

$$-\frac{5}{3} + \frac{2}{5} = \frac{-5.5 + 3.2}{15} = \frac{-25 + 6}{15} = \frac{-19}{15}.$$

c) Aqui um dos denominadores é 5 e o outro é 1, pois a segunda parcela é um número inteiro. Assim m.m.c.(5, 1) = 5 e calculamos

$$\frac{2}{5} + 3 = \frac{1.2 + 5.3}{5} = \frac{2 + 15}{5} = \frac{17}{5}.$$

2.10.2 Multiplicação de frações

Iniciaremos esta seção apresentando o desenvolvimento de quatro exemplos de multiplicação de frações, onde em cada um deles é analisada a ideia da representação geométrica da operação realizada. Após os exemplos, expressamos então a forma geral como é realizada a multiplicação de duas frações.

Exemplo 2.8 Calcule $3 \cdot \dfrac{2}{9}$.

Solução

Observamos que, neste primeiro exemplo, temos o número inteiro 3 multiplicando a fração, indicando que queremos determinar o triplo de $\dfrac{2}{9}$. Assim, usando a definição usual de multiplicação, recaímos numa soma de parcelas iguais

$$3 \cdot \frac{2}{9} = \frac{2}{9} + \frac{2}{9} + \frac{2}{9} = \frac{6}{9},$$

cuja representação pode ser visualizada na figura 2.9.

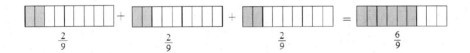

Figura 2.9: Representação da multiplicação de frações $3 \cdot \dfrac{2}{9}$.

Ao realizarmos este procedimento pode-se perceber que para representação geométrica da multiplicação de frações trocamos o "." pela palavra "de": o triplo "de" $\dfrac{2}{9}$.

Exemplo 2.9 Calcule $\dfrac{1}{2} \cdot \dfrac{1}{4}$.

Solução

No exemplo anterior, o número 3 multiplicando a fração indicava que queríamos determinar o triplo dela. Seguindo essa ideia, então o número $\frac{1}{2}$ indica que desejamos calcular a metade de $\frac{1}{4}$. A representação desse procedimento é mostrada na figura 2.10, onde a parte em cor cinza representa a fração $\frac{1}{4}$ do todo e sua fração equivalente $\frac{2}{8}$.

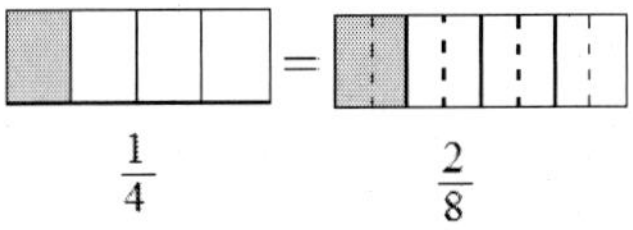

Figura 2.10: Representação da fração $\frac{1}{4}$.

Desses $\frac{2}{8}$, tomamos a metade, que é $\frac{1}{8}$. Portanto

$$\frac{1}{2}\cdot\frac{1}{4}=\frac{1}{8}.$$

Exemplo 2.10   Calcule $\frac{5}{2}\cdot\frac{1}{3}$.

Solução

Ao calcularmos o produto $\frac{5}{2}\cdot\frac{1}{3}$ queremos obter $\frac{5}{2}$ de $\frac{1}{3}$. Como

$$\frac{5}{2}=\frac{4}{2}+\frac{1}{2}=2+\frac{1}{2},$$

significa que queremos obter o dobro de $\frac{1}{3}$ e mais sua metade:

$$\frac{5}{2}\cdot\frac{1}{3}=\left(2+\frac{1}{2}\right)\cdot\frac{1}{3}=2\cdot\frac{1}{3}+\frac{1}{2}\cdot\frac{1}{3}.$$

Isso é representado na figura 2.11.

Logo $\frac{5}{2}\cdot\frac{1}{3}=\frac{5}{6}$.

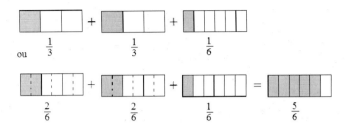

Figura 2.11: Representação da multiplicação de frações $\frac{5}{2} \cdot \frac{1}{3}$.

Exemplo 2.11 $\frac{1}{3} \cdot \frac{5}{2}$.

Solução

Queremos determinar quanto é $\frac{1}{3}$ de $\frac{5}{2}$.

Na figura 2.12, observamos que a fração $\frac{5}{2}$ corresponde a $\frac{15}{6}$.

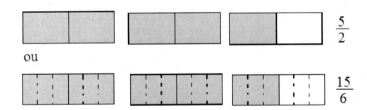

Figura 2.12: Representação da multiplicação de frações $\frac{1}{3} \cdot \frac{5}{2}$.

Assim temos 15 partes na cor cinza e a terça parte delas corresponde a $15 \div 3 = 5$, o que equivale a 5 partes de um inteiro, ou seja, $\frac{5}{6}$.

Logo
$$\frac{1}{3} \cdot \frac{5}{2} = \frac{5}{6}.$$

Pelos casos estudados acima, podemos observar que, para b, d não nulos, a *multiplicação de duas frações* é definida por

$$\frac{a}{b} \cdot \frac{c}{d} = \frac{a.c}{b.d},$$

ou seja, realizamos o produto dos numeradores e o produto dos denominadores.

Exemplo 2.12 Calcule $-\dfrac{1}{7} \cdot \dfrac{14}{2}$.

Solução

Nesse produto aplicando a regra de sinais e a definição da multiplicação de frações, obtemos

$$-\frac{1}{7} \cdot \frac{14}{2} = -\frac{1.14}{7.2} = -\frac{14}{14} = -1.$$

No final dessa operação, realizamos uma simplificação do resultado obtido: dividimos o numerador e o denominador por um fator comum, o número 14.

O mesmo procedimento poderia ter sido realizado no item (a), dividindo o numerador e o denominador pelo número 3, obtendo a *fração irredutível* (que não pode mais ser simplificada) $\dfrac{2}{3}$.

2.10.3 Divisão de frações

Na divisão de números inteiros, para resolvermos a divisão de 8 por 2 respondemos a seguinte pergunta: Quantas vezes o 2 cabe no 8? A divisão de frações segue essa mesma lógica. Mostraremos essa ideia através de um exemplo.

Exemplo 2.13 Calcule $\dfrac{1}{2} \div \dfrac{1}{4}$.

Solução

Se queremos saber quanto é $\dfrac{1}{2} \div \dfrac{1}{4}$ perguntamos: Quantas vezes $\dfrac{1}{4}$ cabe em $\dfrac{1}{2}$? A resposta para esta questão é mostrada na primeira representação da figura 2.13.

Na segunda representação da figura 2.14 apresentamos também o resultado

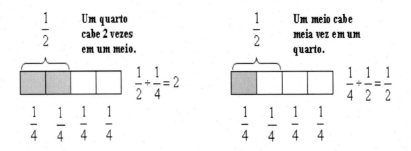

Figura 2.13: Exemplos de divisão de frações.

para a operação $\dfrac{1}{4} \div \dfrac{1}{2}$, que equivale a perguntar: Quantas vezes $\dfrac{1}{2}$ cabe em $\dfrac{1}{4}$?

Assim
$$\dfrac{1}{4} \div \dfrac{1}{2} = \dfrac{1}{2}.$$

Uma forma prática de calcular a divisão de frações é definida a seguir.

A *divisão de frações*, para b, d não nulos, é definida por

$$\dfrac{a}{b} \div \dfrac{c}{d} = \dfrac{a}{b} \cdot \dfrac{d}{c} = \dfrac{a.d}{b.c},$$

ou seja, realizamos o produto da primeira fração com o inverso da segunda fração.

Observação 2.3 Essa regra da divisão de duas frações nos diz para transformarmos a operação numa multiplicação e invertermos a segunda fração, fatos que muitas vezes geram uma curiosidade: por quê? Por aplicar algumas propriedades que serão revisadas nos próximos capítulos, deixamos para apresentar na seção A.3 do anexo A, a ideia envolvida nessa operação.

Exemplo 2.14 Calcule a divisão $\dfrac{7}{3} \div \dfrac{2}{5}$.

Solução

Aplicando a regra acima, obtemos

$$\frac{7}{3} \div \frac{2}{5} = \frac{7}{3} \cdot \frac{5}{2} = \frac{7.5}{3.2} = \frac{35}{6}.$$

A representação geométrica da divisão de frações é a que apresenta maior dificuldade em sua compreensão (em relação a adição e multiplicação). Aproveitamos então esse exemplo para também apresentar a interpretação geométrica desse resultado, seguindo os seguintes passos:

1. Queremos saber quantas vezes $\frac{2}{5}$ cabe em $\frac{7}{3}$.

Representamos separadamente $\frac{2}{5}$ e $\frac{7}{3} = 2\frac{1}{3}$, conforme mostrado na figura 2.14.

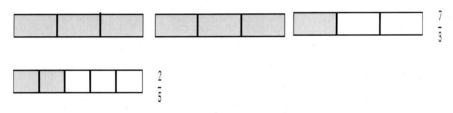

Figura 2.14: Representação das frações $\frac{7}{3}$ e $\frac{2}{5}$.

2. Para contarmos quantas vezes $\frac{2}{5}$ cabe em $\frac{7}{3}$ teremos que sobrepor as partes, que só é possível fazendo uma partição adequada. Nesse caso dividimos os inteiros em 15 partes, onde $\frac{2}{5} = \frac{6}{15}$ e $\frac{1}{3} = \frac{5}{15}$. Este procedimento é mostrado na figura 2.15.

Figura 2.15: Representação das frações equivalentes a $\frac{7}{3}$ e $\frac{2}{5}$.

3. Então, facilmente podemos sobrepor as partes, como mostrado na figura 2.16. Observamos que $\frac{6}{15}$ equivale ao inteiro do dividendo. Então podemos tomá-lo como um inteiro que é repartido em 6 partes e usamos 5 partes dele.

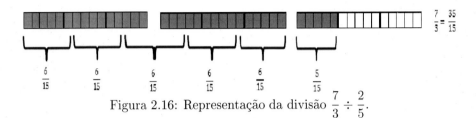

Figura 2.16: Representação da divisão $\frac{7}{3} \div \frac{2}{5}$.

Assim, esta última parcela representa $\frac{5}{6}$ do inteiro do dividendo.

Logo, $\frac{2}{5}$ cabe em $\frac{7}{3}$ cinco vezes e $\frac{5}{6}$, que pode ser escrito como $5\frac{5}{6}$ ou $\frac{35}{6}$.

2.11 Exercícios

1. Realize cada uma das operações envolvendo frações:

(a) $-\frac{5}{3} + \frac{2}{5}$

(b) $\frac{2}{5} + 3$

(c) $3 \cdot \frac{2}{9}$

(d) $\frac{3}{5} - \frac{2}{15} + \frac{1}{3}$

(e) $-\frac{4}{7} \cdot \frac{2}{3}$

(f) $\left(-\frac{3}{5}\right)\left(-\frac{2}{4}\right)$

(g) $\left(-\frac{2}{3}\right)^5$

(h) $\frac{4}{3} \div 2$

(i) $\dfrac{-\frac{5}{3}}{\frac{15}{6}}$

(j) $\left(-\frac{1}{2}\right)^6$

(k) $\left(-\frac{5}{2}\right)^{-3}$

2.12 Operações com radicais

Os *radicais* ou *raízes* geram tanto números racionais (por exemplo, $\sqrt{4}$), quanto números irracionais (por exemplo, $\sqrt{2}$). Começamos essa seção definindo raiz quadrada, pois é uma das operações mais usuais no cálculo com números reais e depois estendemos a definição para raízes cúbicas, quartas, etc.

Definição 2.3 Consideremos um número real $b \geq 0$. A *raiz quadrada* de b, indicada por $\sqrt{b}$, é um número real a, $a \geq 0$, tal que $a^2 = b$ e escrevemos

$$\sqrt{b} = a \Leftrightarrow a^2 = b.$$

O número b na definição acima chama-se *radicando* e exigimos que $b \geq 0$ pois **não existe, no conjunto dos números reais, raiz quadrada de número negativo**[5]. Podemos escrever também uma raiz quadrada como uma potência fracionária:

$$\sqrt{b} = b^{\frac{1}{2}}.$$

Exemplo 2.15 Calcule o valor de cada raiz, se existir: a) $\sqrt{9}$; b) $\sqrt{-4}$.

Solução

a) Como $3^2 = 9$, temos então que $\sqrt{9} = 3$.

b) Na tentativa de calcular, por exemplo, $\sqrt{-4}$, estamos, na verdade, perguntando: qual é o número real a, tal que $a^2 = -4$? Tal número real não existe[6]! De fato não existe, pois ao calcularmos $2^2 = 4$ e $(-2)^2 = 4$, obtemos sempre um número positivo.

Definição 2.4 Dizemos que a é a *raiz n-ésima* de b, $n \in \mathbb{N}$, se, e somente se, $a^n = b$. Escrevemos

$$\sqrt[n]{b} = a \Leftrightarrow a^n = b.$$

Podemos transformar a raiz ene-ésima para a notação de potência, ou seja,

$$\sqrt[n]{a} = a^{\frac{1}{n}}.$$

Devemos observar que quando n é par não tem sentido real escrever $\sqrt[n]{a}$ para $a < 0$, pois este número não existe nos números reais.

A operação, que consiste em calcular o valor de uma raiz, é chamada de *radiciação*.

Exemplo 2.16 Calcule as seguintes raízes, caso existam:

a) $\sqrt[3]{-8}$; b) $\sqrt[4]{-64}$.

---

[5]Esses números estão definidos apenas no conjunto dos números complexos $\mathbb{C} = \{x = a + bi; a, b \in \mathbb{R}, i = \sqrt{-1}\}$.

[6]Existem apenas os *números complexos* $\sqrt{-4}$, que são $2i$ e $-2i$.

Solução

a) Procuramos um número $a \in \mathbb{R}$, tal que $a^3 = -8$, pois estamos calculando uma raiz cúbica. Como $(-2)^3 = -8$ segue então que $a = -2$ e assim $\sqrt[3]{-8} = -2$. Utilizando a fatoração do radicando, poderíamos também ter calculado a raiz da seguinte forma:

$$\sqrt[3]{-8} = \sqrt[3]{(-2)^3} = \left((-2)^{\frac{1}{3}}\right)^3 = -2.$$

b) Como $n = 4$ é par e o radicando é negativo, segue que $\sqrt[4]{-64}$ não existe nos reais.

Propriedades da radiciação

Como a raiz ene-ésima corresponde à potências de expoente fracionário, as propriedades de potência já estudadas continuarão válidas. Assim para $a, b, m \in \mathbb{R}$, $n \in \mathbb{N}$ são válidas as propriedades:

i) $\sqrt[n]{a \cdot b} = \sqrt[n]{a} \cdot \sqrt[n]{b}$,

ii) $\sqrt[n]{\dfrac{a}{b}} = \dfrac{\sqrt[n]{a}}{\sqrt[n]{b}}$,

iii) $\sqrt[n]{a^m} = a^{\frac{m}{n}}$,

iv) $\sqrt[n]{a^m} = \left(\sqrt[n]{a}\right)^m$,

v) $\sqrt[n]{a^m} \cdot \sqrt[q]{a^p} = \sqrt[nq]{a^{qm+pn}}$.

Demonstração

Segue direto das propriedades de potência que:

i) $\sqrt[n]{a \cdot b} = (a \cdot b)^{\frac{1}{n}} = a^{\frac{1}{n}} \cdot b^{\frac{1}{n}} = \sqrt[n]{a} \cdot \sqrt[n]{b}$.

ii) $\sqrt[n]{\dfrac{a}{b}} = \left(\dfrac{a}{b}\right)^{\frac{1}{n}} = \dfrac{a^{\frac{1}{n}}}{b^{\frac{1}{n}}} = \dfrac{\sqrt[n]{a}}{\sqrt[n]{b}}$.

iii) $\sqrt[n]{a^m} = (a^m)^{\frac{1}{n}} = a^{m \cdot \frac{1}{n}} = a^{\frac{m}{n}}$

iv) $\sqrt[n]{a^m} = (a^m)^{1/n} = \left(a^{1/n}\right)^m = \left(\sqrt[n]{a}\right)^m$

v) $\sqrt[n]{a^m} \cdot \sqrt[q]{a^p} = a^{\frac{m}{n}} \cdot a^{\frac{p}{q}} = a^{\frac{qm+pn}{nq}} = \sqrt[nq]{a^{qm+pn}}$.

Exemplo 2.17 Usando as propriedades da radiciação, simplifique as raízes:
a) $\sqrt{12}$;   b) $\sqrt[3]{16}$.

Solução

a) Muitas raízes não são exatas, assim para simplificar o radical é conveniente fatorar o radicando e usar as propriedades da radiciação. Assim

$$\sqrt{12} = \sqrt{3 \cdot 4} = \sqrt{3 \cdot 2^2} = \sqrt{3}\sqrt{2^2} = 2\sqrt{3}.$$

b) Da mesma forma, simplificamos o radical escrevendo

$$\sqrt[3]{16} = \sqrt[3]{2^4} = \sqrt[3]{2^3 \cdot 2} = 2\sqrt[3]{2}.$$

2.13 Exercícios

1. Alguns itens abaixo são verdadeiros e outros são verdadeiros absurdos da matemática. Identifique-os.

    (a) $\sqrt{a} + \sqrt{a} = a$. Por exemplo, $\sqrt{2} + \sqrt{2} = \sqrt{4} = 2$.
    (b) $\sqrt{2} + \sqrt{3} = \sqrt{5}$.
    (c) $\sqrt{a+b} = \sqrt{a} + \sqrt{b}$.
    (d) $(\sqrt{2} + \sqrt{3})^2 = 5 + 2\sqrt{6}$.

2. Simplifique os radicais.

    (a) $\sqrt{576}$
    (b) $\sqrt[3]{64}$
    (c) $\sqrt{12}$
    (d) $\sqrt[3]{2^7}$

3. Reduza os radicais a seguir e efetue as operações indicadas em cada caso.

   (a) $\sqrt{2} - \sqrt{8}$
   (b) $\sqrt{3} - 2\sqrt{12} + \sqrt{27}$
   (c) $\sqrt{125} + \sqrt{20} - \sqrt{45}$
   (d) $\sqrt{72} - \sqrt{18} + \sqrt{50}$
   (e) $\sqrt{112} + \sqrt{14} - \sqrt{28}$
   (f) $\sqrt{128} - \sqrt{50} + \sqrt{200}$
   (g) $\sqrt{8} + \sqrt{32} + \sqrt{72} - \sqrt{50}$
   (h) $\sqrt[3]{128} + \sqrt[3]{250} + \sqrt[3]{54} - \sqrt[3]{16}$

4. Calcule cada produto abaixo:

   (a) $(2\sqrt{5} + 8)(\sqrt{5} - 1)$
   (b) $(-5 + 3\sqrt{2})(4 - \sqrt{2})$
   (c) $(\sqrt{6} - 2)(9 - \sqrt{6})$
   (d) $(1 - 2\sqrt{7})(1 + 2\sqrt{7})$

5. Calcule o valor numérico da expressão $8^{\frac{1}{2}} - 32^{\frac{1}{2}} + 128^{\frac{1}{2}}$.

6. Idem para $\sqrt[4]{4} + \sqrt[6]{8} - \sqrt{32}$.

7. Introduza cada expressão a seguir em um só radical:

   (a) $\sqrt{ab^2\sqrt{c}}$
   (b) $x\sqrt{xy\sqrt[3]{y}}$
   (c) $\sqrt{x\sqrt[3]{y\sqrt{z}}}$
   (d) $\sqrt{x^3\sqrt[4]{xy^2\sqrt{y}}}$
   (e) $\sqrt{3} \cdot \sqrt[3]{5}$
   (f) $\sqrt[3]{4} \cdot \sqrt[4]{2}$
   (g) $\sqrt[3]{40} \div \sqrt{2}$
   (h) $\sqrt{8} \div \sqrt[3]{16}$

8. Efetue as operações com as raízes.

   (a) $\sqrt{2} \cdot \sqrt{18}$
   (b) $\sqrt[3]{4} \cdot \sqrt[3]{6}$
   (c) $\sqrt[3]{2} \cdot \sqrt[3]{6} \cdot \sqrt[3]{18}$
   (d) $\sqrt{6} \div \sqrt{3}$
   (e) $\sqrt[3]{3} \cdot \sqrt[4]{2} \cdot \sqrt{5}$
   (f) $\sqrt[3]{3} \div \sqrt{2}$

9. Determine o valor de x na expressão

$$x = \sqrt{7 + \sqrt[3]{6 + \sqrt[4]{16}}}.$$

2.14 Racionalização de denominadores

Racionalizar uma fração envolvendo um radical no denominador significa representar o mesmo número sem raízes no denominador. Para isto, precisaremos multiplicar e dividir a fração por um número adequado de modo a simplificar o radical do denominador. Este número adequado é chamado de *fator racionalizante*.

Existem três casos de racionalização a considerar. Vejamos cada um deles.

Caso 1: o denominador é uma raiz quadrada. Neste caso, basta multiplicar e dividir pela própria raiz que aparece no denominador.

Exemplo 2.18 Racionalize as frações: a) $\dfrac{1}{\sqrt{3}}$; b) $\dfrac{3}{2\sqrt{5}}$; c) $\dfrac{\sqrt{y}}{y\sqrt{x}}$.

Solução

No denominador, há raízes quadradas, então elas serão o fator racionalizante.

a) Neste caso, o fator racionalizante será $\sqrt{3}$. Assim,

$$\dfrac{1}{\sqrt{3}} = \dfrac{1}{\sqrt{3}} \cdot \dfrac{\sqrt{3}}{\sqrt{3}} = \dfrac{\sqrt{3}}{\sqrt{3^2}} = \dfrac{\sqrt{3}}{3}.$$

b) No denominador temos o número $2\sqrt{5}$, mas como devemos multiplicar e dividir somente pela raiz que aparece no denominador, então o fator racionalizante é $\sqrt{5}$. Assim,

$$\dfrac{3}{2\sqrt{5}} = \dfrac{3}{2\sqrt{5}} \cdot \dfrac{\sqrt{5}}{\sqrt{5}} = \dfrac{3\sqrt{5}}{2\sqrt{5^2}} = \dfrac{3\sqrt{5}}{2 \cdot 5} = \dfrac{3\sqrt{5}}{10}.$$

c) Da mesma forma que no item (b), o fator racionalizante será $\sqrt{x}$, pois é a única raiz que aparece no denominador. Assim,

$$\dfrac{\sqrt{y}}{y\sqrt{x}} = \dfrac{\sqrt{y}}{y\sqrt{x}} \cdot \dfrac{\sqrt{x}}{\sqrt{x}} = \dfrac{\sqrt{y} \cdot \sqrt{x}}{y\sqrt{x^2}} = \dfrac{\sqrt{xy}}{xy}.$$

Caso 2: o denominador é uma raiz ene-ésima. Neste caso, se no denominador há a raiz $\sqrt[n]{a^m}$, o fator racionalizante será a raiz ene-ésima de um número tal que complete uma potência de expoente n dentro do radical, ou seja, tomaremos $\sqrt[n]{a^{n-m}}$ como fator racionalizante. Com isto, simplificaremos a raiz ene-ésima do denominador pelo expoente n resultante.

Exemplo 2.19 Racionalize os denominadores das seguintes frações:

a) $\dfrac{2}{\sqrt[3]{2}}$; b) $\dfrac{2}{\sqrt[5]{9}}$.

Solução

Em cada caso, usaremos o fator racionalizante $\sqrt[n]{a^{n-m}}$.

a) No denominador, queremos obter $\sqrt[3]{2^3} = 2$. Podemos chegar nesse resultado montando o fator racionalizante: observando que $n = 3$ e $m = 1$, então tomaremos como fator racionalizante a raiz $\sqrt[3]{2^{3-1}}$. Assim, vamos então multiplicar e dividir por $\sqrt[3]{2^2}$:

$$\frac{2}{\sqrt[3]{2}} = \frac{2}{\sqrt[3]{2}} \cdot \frac{\sqrt[3]{2^2}}{\sqrt[3]{2^2}} = \frac{2\sqrt[3]{2^2}}{\sqrt[3]{2 \cdot 2^2}} = \frac{2\sqrt[3]{4}}{\sqrt[3]{2^3}} = \frac{2\sqrt[3]{4}}{2} = \sqrt[3]{4}.$$

b) Como $\sqrt[5]{9} = \sqrt[5]{3^2}$, temos que o fator racionalizante será $\sqrt[5]{3^{5-2}} = \sqrt[5]{3^3}$. Assim,

$$\frac{2}{\sqrt[5]{9}} = \frac{2}{\sqrt[5]{3^2}} = \frac{2}{\sqrt[5]{3^2}} \cdot \frac{\sqrt[5]{3^3}}{\sqrt[5]{3^3}} = \frac{2\sqrt[5]{27}}{\sqrt[5]{3^2 \cdot 3^3}} = \frac{2\sqrt[5]{27}}{\sqrt[5]{3^5}} = \frac{2\sqrt[5]{27}}{3}.$$

Caso 3: o denominador é uma soma (ou diferença) envolvendo uma raiz quadrada. Neste caso, sendo o denominador, por exemplo, $a - \sqrt{b}$, temos que o fator racionalizante será $a + \sqrt{b}$, visto que ao multiplicá-los aparecerá o produto da soma pela diferença de dois fatores, o que corresponde, pelo estudo dos produtos notáveis, a diferença de dois quadrados:

$$(a - \sqrt{b})(a + \sqrt{b}) = a^2 - \left(\sqrt{b}\right)^2 = a^2 - b.$$

Obtemos também esse resultado aplicando a propriedade distributiva: multiplicamos todos os termos de um parêntese pelos termos do outro. Um estudo mais detalhado dos produtos notáveis será abordado no próximo capítulo (seção 3.4).

Exemplo 2.20 Racionalize: a) $\dfrac{1}{3 - \sqrt{2}}$; b) $\dfrac{\sqrt{2}}{1 + \sqrt{2}}$.

Solução

a) Neste caso, o fator racionalizante será $3 + \sqrt{2}$. Assim,

$$\frac{1}{3 - \sqrt{2}} = \frac{1}{3 - \sqrt{2}} \cdot \frac{3 + \sqrt{2}}{3 + \sqrt{2}} = \frac{1(3 + \sqrt{2})}{(3^2 - \sqrt{2^2})} = \frac{3 + \sqrt{2}}{9 - 2} = \frac{3 + \sqrt{2}}{7}.$$

b) O fator racionalizante será $1 - \sqrt{2}$. Assim,

$$\frac{\sqrt{2}}{1 + \sqrt{2}} = \frac{\sqrt{2}}{1 + \sqrt{2}} \cdot \frac{1 - \sqrt{2}}{1 - \sqrt{2}} = \frac{\sqrt{2}(1 - \sqrt{2})}{1 - 2} = \frac{\sqrt{2} - 2}{-1} = 2 - \sqrt{2}.$$

2.15 Exercícios

1. Racionalize o denominador de cada expressão abaixo.

   (a) $\dfrac{1}{\sqrt{3}}$ (b) $\dfrac{4}{\sqrt{2}}$ (c) $\dfrac{2}{3\sqrt{3}}$ (d) $\dfrac{\sqrt{2}}{\sqrt{3}}$

   (e) $\dfrac{\sqrt{x}}{y\sqrt{y}}$ (f) $\dfrac{y}{\sqrt{xy}}$ (g) $\dfrac{2}{\sqrt[3]{2}}$ (h) $\dfrac{1}{\sqrt[3]{4}}$

   (i) $\dfrac{2}{\sqrt[4]{8}}$ (j) $\dfrac{2}{\sqrt[4]{36}}$ (k) $\dfrac{xy}{\sqrt[5]{x^2y^3}}$ (ℓ) $\dfrac{y}{\sqrt[3]{xy}}$

   (m) $\dfrac{1}{1+\sqrt{2}}$ (n) $\dfrac{2}{\sqrt{5}-1}$ (o) $\dfrac{\sqrt{2}}{3-\sqrt{2}}$ (p) $\dfrac{\sqrt{3}}{\sqrt{3}-2}$

   (q) $\dfrac{1+\sqrt{2}}{\sqrt{2}-2}$ (r) $\dfrac{2+\sqrt{3}}{2+\sqrt{2}}$ (s) $\dfrac{1+\sqrt{2}}{1-\sqrt{2}}$ (t) $\dfrac{1-\sqrt{2}}{\sqrt{3}+\sqrt{2}}$

2. (PUC-SP) O valor da expressão $\left(\sqrt{3+\sqrt{5}}+\sqrt{3-\sqrt{5}}\right)^2$ é

   a) 10   b) 25   c) $10-2\sqrt{6}$ d) $10+2\sqrt{6}$ e) $6-2\sqrt{5}$

3. Calcule o valor de cada expressão.

   (a) $\dfrac{\sqrt{22}}{\sqrt{22}-\sqrt{21}} - \dfrac{\sqrt{21}}{\sqrt{22}-\sqrt{21}}$ (b) $\dfrac{\sqrt{3}+2\sqrt{2}}{\sqrt{3}-2\sqrt{2}} + \dfrac{2\sqrt{2}-\sqrt{3}}{\sqrt{3}+2\sqrt{2}}$

4. Mostre que

   $$\dfrac{1}{\sqrt{1}+\sqrt{2}} + \dfrac{1}{\sqrt{2}+\sqrt{3}} + \dfrac{1}{\sqrt{3}+\sqrt{4}} + ... + \dfrac{1}{\sqrt{99}+\sqrt{100}}$$

   é um número inteiro.

5. Mostre que $\sqrt{4+2\sqrt{3}} = 1+\sqrt{3}$.

6. Ache os inteiros positivos a e b tais que

   $$\sqrt{5+\sqrt{24}} = \sqrt{a}+\sqrt{b}.$$

7. Simplifique cada expressão abaixo.

   (a) $\sqrt{\dfrac{2+\sqrt{3}}{2-\sqrt{3}}} + \sqrt{\dfrac{2-\sqrt{3}}{2+\sqrt{3}}}$ (b) $\dfrac{2+\sqrt{3}}{\sqrt{2}+\sqrt{2+\sqrt{3}}} + \dfrac{2-\sqrt{3}}{\sqrt{2}-\sqrt{2-\sqrt{3}}}$

(c) $\sqrt{\dfrac{3-2\sqrt{2}}{17-12\sqrt{2}}} - \sqrt{\dfrac{3+2\sqrt{2}}{17+12\sqrt{2}}}$ 	(d) $\dfrac{x+\sqrt{x^2-1}}{x-\sqrt{x^2-1}} - \dfrac{x-\sqrt{x^2-1}}{x+\sqrt{x^2-1}}$

8. Calcule o valor de $x = \sqrt{2+\sqrt{2+\sqrt{2+\sqrt{2+\ldots}}}}$

9. (UE-CE) Se $k = \left[\sqrt{2} - \dfrac{1}{\sqrt{3}}\right] \cdot \left[\sqrt{2} + \dfrac{1}{\sqrt{3}}\right]$ e $m = 2 + \sqrt{\dfrac{2}{\sqrt[3]{2}}}$, então $(k-1)^3 + (m-2)^3$ é igual a

(a) $\dfrac{61}{27}$ 	(b) $\dfrac{62}{27}$ 	(c) $\dfrac{64}{27}$ 	(d) $\dfrac{65}{27}$

2.16 Expressões Numéricas

São expressões que envolvem várias operações entre números reais. Para calcular o valor numérico de expressões é importante observar a seguinte ordem de prioridades:

I) potências e raízes;

II) produtos e divisões;

III) adições e subtrações.

Esta ordem hierárquica só é desobedecida se tivermos parênteses, colchetes ou chaves, quebrando as referidas hierarquias.

Exemplo 2.21 Calcule

a) $\dfrac{2}{3} - \dfrac{1}{2} \cdot \dfrac{3}{4}$,

b) $\left(\dfrac{2}{3} - \dfrac{1}{2}\right) \cdot \dfrac{3}{4}$,

c) $3 - \left[-\left(\dfrac{1}{3}\right)^{-1} + 5\right]^2 - \sqrt[4]{81} \cdot (7 + 2^{-1})$

Solução

a) Seguindo a ordem hierárquica efetuamos primeiramente o produto e depois a subtração das frações:

$$\frac{2}{3} - \frac{1}{2} \cdot \frac{3}{4} = \frac{2}{3} - \frac{1 \cdot 3}{2 \cdot 4} = \frac{2}{3} - \frac{3}{8} = \frac{16 - 9}{24} = \frac{7}{24}.$$

b) Neste caso temos parênteses, portanto efetuamos primeiramente a diferença (veja que os parênteses quebraram a hierarquia):

$$\left(\frac{2}{3} - \frac{1}{2}\right) \cdot \frac{3}{4} = \left(\frac{4 - 3}{6}\right) \cdot \frac{3}{4} = \frac{1}{6} \cdot \frac{3}{4} = \frac{3}{24} = \frac{1}{8}.$$

c) As operações entre colchetes e parênteses têm prioridade. Começamos então observando que tanto no colchete, quanto no parêntese, há operações de soma e potência. Devemos então resolver primeiramente as potências, que envolvem expoente negativo, significando que devemos inverter a base. Depois realizamos as demais operações:

$$3 - \left[-\left(\frac{1}{3}\right)^{-1} + 5\right]^2 - \sqrt[4]{81} \cdot (7 + 2^{-1}) =$$

$$= 3 - [-3 + 5]^2 - \sqrt[4]{81} \cdot \left(7 + \frac{1}{2}\right)$$

$$= 3 - [2]^2 - \sqrt[4]{81} \cdot \left(\frac{14 + 1}{2}\right)$$

$$= 3 - 4 - \sqrt[4]{81} \cdot \frac{15}{2}$$

$$= 3 - 4 - \sqrt[4]{3^4} \cdot \frac{15}{2}$$

$$= 3 - 4 - 3 \cdot \frac{15}{2}$$

$$= 3 - 4 - \frac{45}{2}$$

$$= \frac{6 - 8 - 45}{2} = -\frac{47}{2}$$

2.17 Exercícios

1. Calcule o valor numérico de cada expressão abaixo.

   (a) $\dfrac{1}{3} - \dfrac{5}{6} + 1$

   (b) $\dfrac{1}{3} + \dfrac{3}{4} \cdot \dfrac{1}{4} - 1$

   (c) $2 + 3 \cdot (-5 + 3)^{-1}$

   (d) $\dfrac{3}{2} - \dfrac{1}{5} \div \dfrac{3}{10} + 1$

   (e) $3^{-1} + 3^{-1} \div (2^{-2} + 1) + (-3)^{-2}$

   (f) $\left((2 - 5 \cdot 7)^0 + \dfrac{1}{3} \right)^{-1}$

   (g) $\dfrac{1}{3} \cdot \left(-\dfrac{2}{3} + \dfrac{3}{2} \right) - \dfrac{5}{6}$

   (h) $2^2 + 8 - \dfrac{1}{4^{-1}}$

2. Uma parte da estrada de 308 quilômetros acaba de ser inaugurada. Só que é a terceira vez que isso acontece. Na primeira vez, apenas $\frac{2}{7}$ da estrada estavam asfaltados, na segunda, mais $\frac{1}{4}$ da estrada; e, desta vez, mais $\frac{2}{11}$. Quantos quilômetros da estrada ainda estão sem asfalto?

3 Expressões Algébricas

Iniciamos este capítulo com uma brincadeira bastante conhecida: pense num número par; triplique o número pensado, depois divida o resultado por 2. Agora triplique esse resultado e divida o que der por 9. Qual o resultado? O número pensado é o dobro desse resultado final.

Como o número pensado não pode ser revelado, podemos considerá-lo como uma grandeza desconhecida, uma incógnita x, por exemplo, que a outra pessoa deve determinar qual o seu valor. Para expressar todas as operações envolvidas nessa situação numa linguagem matemática teríamos que trabalhar com incógnitas, que é a característica de uma expressão algébrica, assunto que abordaremos nesse capítulo.

3.1 Definição de expressão algébrica

Definição 3.1 Chama-se *expressão algébrica* toda expressão na qual estão presentes letras ou símbolos que denotam grandezas genéricas ou desconhecidas, que são chamadas de incógnitas ou variáveis.

Notamos que as grandezas desconhecidas, envolvidas nas expressões algébricas, representam números reais, assim todas as definições, operações e propriedades estudadas no capítulo anterior serão aplicadas ao trabalharmos com essas expressões.

Exemplo 3.1 Considere um retângulo de base 3m e altura x m. Expresse

a) a área desse retângulo;

b) o perímetro desse retângulo.

Solução

a) Nesse caso, não conhecemos a medida da altura do retângulo. Assim, a área A deste retângulo[1] depende do valor desta medida x, ou seja, montamos uma expressão algébrica para denotar a referida área

$$A = 3 \cdot x.$$

b) Da mesma forma, o perímetro P deste retângulo[2] será representado pela expressão algébrica

$$P = 2x + 2 \cdot 3 = 2x + 6.$$

Exemplo 3.2 Se V é a quantia de dinheiro que uma pessoa possui e o custo de um refrigerante é R$ 2,00 e de um pastel, R$ 3,00, escreva uma expressão que calcule o troco que ela receberá ao comprar x refrigerantes e y pastéis.

Solução

O troco T será calculado pela diferença entre o valor pago V e o valor gasto G, dado pela expressão algébrica

$$T = V - G.$$

O valor gasto é calculado por $G = 2x + 3y$. Assim,

$$T = V - 2x - 3y.$$

3.2 Valor numérico de uma expressão algébrica

Consiste em substituir as variáveis da expressão pelos seus respectivos valores dados.

Exemplo 3.3 Sendo $m = \dfrac{1}{3}$ e $n = -\dfrac{2}{5}$, calcule o valor numérico da expressão

$$y = \frac{2m - n}{n + 2}.$$

---

[1] A área A de um retângulo de medida da base b unidades e medida da altura h unidades é calculada pelo produto entre estas medidas, ou seja, $A = b \times h$ unidades quadradas.

[2] O perímetro corresponde a soma das medidas de todos os lados de um polígono, assim para o retângulo teremos $P = 2b + 2h$.

Solução

Substituindo m por $\dfrac{1}{3}$ e n por $-\dfrac{2}{5}$ obtemos

$$\begin{aligned}
y &= \frac{2m-n}{n+2} = \frac{2 \cdot \left(\frac{1}{3}\right) - \left(-\frac{2}{5}\right)}{\left(-\frac{2}{5}\right)+2} \\
&= \frac{\frac{2}{3}+\frac{2}{5}}{\frac{-2+10}{5}} = \frac{\frac{10+6}{15}}{\frac{8}{5}} \\
&= \frac{16}{15} \cdot \frac{5}{8} = \frac{2}{3}.
\end{aligned}$$

Exemplo 3.4 Sendo $a=1$; $b=-2$ e $c=-4$, calcule o valor de

$$x = \frac{-b+\sqrt{b^2-4ac}}{2a}.$$

Solução

Substituindo a por 1, b por -2 e c por - 4, obtemos

$$\begin{aligned}
x &= \frac{-(-2)+\sqrt{(-2)^2-4(1)(-4)}}{2(1)} \\
&= \frac{2+\sqrt{4+16}}{2} = \frac{2+\sqrt{20}}{2} \\
&= \frac{2+\sqrt{4\cdot 5}}{2} = \frac{2+2\sqrt{5}}{2} = 1+\sqrt{5}.
\end{aligned}$$

3.3 Exercícios

1. Considere um pedaço de cartolina retangular de lados x cm e y cm. Deseja-se montar uma caixa, em forma de paralelepípedo retângulo, sem a tampa de cima com esta cartolina. Para isto, de cada ponta do retângulo vai-se tirar um quadrado de lado 2 cm (estamos então considerando $x > 4$ e $y > 4$). Com estas informações, monte a expressão que dá o volume dessa caixa.

2. Calcule o valor numérico de cada expressão abaixo:

   (a) $M = 3xy - y$, para $x = -\dfrac{1}{2}$ e $y = -\dfrac{2}{5}$

   (b) $M = x^2y - y^2$, para $x = 2$ e $y = -1$

   (c) $M = \dfrac{x + 2y}{y - x}$, para $x = \dfrac{2}{3}$ e $y = -\dfrac{1}{7}$

   (d) $M = \dfrac{(x+y)^{-1}}{x^{-1} + y^{-1}}$, para $x = -\dfrac{2}{5}$ e $y = 5$

3. (UNAERP-SP) O valor da expressão $a^{-3} \cdot \sqrt[3]{b} \cdot c^{-1}$, quando $a = -1, b = -8$ e $c = \dfrac{1}{4}$ é:

   a) -8 b) -4 c) $\dfrac{1}{2}$ d) 4 e) 8

4. Peça a um amigo para pensar em um número, multiplicá-lo por 3, somar 6, multiplicar por 4 e dividir por 12, dizendo para você o resultado final. Você pode então "adivinhar" qual o número em que seu amigo pensou. Parece mágica, não é? Como isto é possível?

3.4 Produtos notáveis

Chamamos de *produtos notáveis* algumas multiplicações em que os fatores são expressões algébricas bastante utilizadas em cálculos matemáticos. Trabalharemos aqui com quatro desses produtos, apresentados nas subseções a seguir.

3.4.1 Quadrado da soma de dois termos

Da mesma forma que $5^2 = 5 \cdot 5$, podemos fazer $x^2 = x \cdot x$. Assim, podemos considerar a seguinte questão: quanto resulta a potência $(x+y)^2$?

Observamos que, pela definição de potência, podemos escrever

$$(x+y)^2 = (x+y) \cdot (x+y).$$

Agora, tomando o primeiro fator $x + y$ do produto acima, temos que distribuí-lo para a soma $x + y$ no segundo parêntese. Assim,

$$\begin{aligned}(x+y)^2 &= (x+y) \cdot (x+y) \\ &= (x+y) \cdot x + (x+y) \cdot y \\ &= x(x+y) + y(x+y).\end{aligned}$$

Por fim, distribuindo x para $x+y$ e y para $x+y$, temos

$$(x+y)^2 = x^2 + xy + yx + y^2.$$

Como o produto nos reais é **comutativo**, isto é, $xy = yx$, temos

$$\begin{aligned}(x+y)^2 &= x^2 + xy + xy + y^2 \\ &= x^2 + 2xy + y^2.\end{aligned}$$

Portanto,

$$\boxed{(x+y)^2 = x^2 + 2xy + y^2.}$$

Este é o primeiro produto notável, chamado de *quadrado da soma de dois termos*.

Vejamos uma justificativa geométrica para este resultado. Seja um quadrado de lado $x+y$, conforme a figura 3.1.

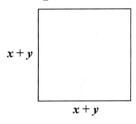

Figura 3.1: Quadrado de lados $x+y$.

A área desse quadrado é $A = (x+y)^2$

Agora, demarcando as medidas x e y separadamente, decompomos o quadrado inicial em dois retângulos de lados x e y, um quadrado de lado x e outro quadrado de lado y, conforme mostra a figura 3.2.

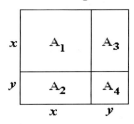

Figura 3.2: Divisão do quadrado de lados $x+y$.

A área total será dada então por

$$\begin{aligned} A &= A_1 + A_2 + A_3 + A_4 \\ &= x^2 + yx + xy + y^2 \\ &= x^2 + 2xy + y^2. \end{aligned} \qquad (3.1)$$

Comparando as duas expressões para o cálculo da área desse quadrado, apresentada nas equações 3.4.1 e 3.1, mostramos que

$$(x+y)^2 = x^2 + 2xy + y^2.$$

3.4.2 Quadrado da diferença de dois termos

O segundo produto notável, *quadrado da diferença de dois termos*, é dado por

$$\boxed{(x-y)^2 = x^2 - 2xy + y^2.}$$

A verificação desse produto notável pode ser obtida utilizando o quadrado da soma de dois termos, visto anteriormente, e é deixado como um exercício.

3.4.3 Produto da soma pela diferença de dois termos

Por fim, verifiquemos o *produto da soma pela diferença de dois fatores*, isto é, o produto

$$(x+y)(x-y).$$

Para isto, basta distribuir $x+y$ para x e para $-y$. Assim,

$$(x+y)(x-y) = (x+y)(x) + (x+y)(-y) =$$
$$= x^2 + yx - xy - y^2 = x^2 - y^2.$$

Portanto, temos

$$\boxed{(x+y)(x-y) = x^2 - y^2.}$$

Esse produto também é conhecido como a *diferença de dois quadrados*.

3.4.4 Diferença de dois cubos

Outro produto notável importante é a *diferença de dois cubos*:

$$x^3 - y^3 = (x-y)(x^2 + xy + y^2).$$

Apresentados os produtos notáveis que mais comumente utilizamos nos cálculos matemáticos, reunimos esses resultados na tabela 3.1, para facilitar seu estudo e aplicação.

Tabela 3.1: Alguns Produtos Notáveis

Denominação	Expressão
Quadrado da soma de dois termos	$(x+y)^2 = x^2 + 2xy + y^2$
Quadrado da diferença de dois termos	$(x-y)^2 = x^2 - 2xy + y^2$
Produto da soma pela diferença de dois termos ou diferença de dois quadrados	$(x+y)(x-y) = x^2 - y^2$
Diferença de dois cubos	$(x-y)(x^2 + xy + y^2) = x^3 - y^3$

3.5 Exercícios

1. Calcule

   (a) $(x-y)^2$
   (b) $(a+b)^2$
   (c) $(2x+3)^2$
   (d) $(2y-3)(2y+3)$
   (e) $(\sqrt{x} - \sqrt{y})^2$
   (f) $(x+1)^3$
   (g) $(4x-3y)^2$
   (h) $(\sqrt{a} - 2a)(\sqrt{a} + 2a)$

2. Escreva na forma de um produto notável.

(a) $x^2 - 6x + 9$

(b) $y^2 + 8y + 16$

(c) $4a^2 + 4ab + b^2$

(d) $25 - x^2$

3.6 Fatoração

Dada uma expressão algébrica, principalmente na forma de fração, muitas vezes é útil transformá-la num produto, pois somente nessa forma poderemos aplicar algumas propriedades que simplificam a expressão com que se está trabalhando. Essa transformação é chamada de *fatoração*, conforme definimos a seguir.

Definição 3.2 *Fatorar* uma expressão algébrica significa transformar tal expressão em produtos, evidenciando termos em comum mediante a propriedade distributiva e/ou usando produtos notáveis.

Apresentaremos a seguir, com exemplos, alguns tipos de fatoração e no final da seção resumiremos estes casos numa tabela.

Exemplo 3.5 Fatore a expressão $x^2y - x^3y^2$.

Solução

Notamos que na expressão algébrica $x^2y - x^3y^2$, nos dois termos aparecem variáveis x e y. Dizemos então que esses são *termos em comum*. Mas os expoentes dessas variáveis não são os mesmos, assim, como temos o propósito de dividir todos os termos por um fator comum, escolheremos os menores expoentes de cada variável que aparecem na expressão. Assim obtemos o fator comum x^2y.

Dividindo cada termo da expressão por este fator comum, obtemos

$$\frac{x^2y}{x^2y} = 1$$

$$\frac{-x^3y^2}{x^2y} = -xy$$

Expressamos esse procedimento realizado, com os resultados obtidos, na forma $x^2y - x^3y^2 = x^2y(1-xy)$.

A expressão final obtida é então um produto de fatores, logo, encontramos a forma fatorada da expressão. Esse é um exemplo de fatoração por *fator comum*.

Exemplo 3.6 Fatore a expressão $x^3 - 2x^2y + xy - 2y^2$.

Solução

Aqui, será útil determinar inicialmente o fator comum de cada dois termos, que agrupamos por colchetes:
$$[x^3 - 2x^2y] + [xy - 2y^2].$$

No primeiro colchete, a variável comum aos dois termos é x e o menor expoente é 2, então o fator comum será x^2; no segundo, a variável comum aos dois termos é y e o menor expoente é 1, então o fator comum será y:
$$[x^3 - 2x^2y] + [xy - 2y^2] = x^2(x - 2y) + y(x - 2y).$$

Esta expressão não está totalmente fatorada, pois ainda temos uma soma de dois termos. Mas observe que em cada parcela temos novamente um fator que se repete: o fator $(x - 2y)$ aparece nos dois termos. Usando-o como fator comum, obtemos a forma fatorada final:
$$[x^3 - 2x^2y] + [xy - 2y^2] = x^2(x - 2y) + y(x - 2y) = (x - 2y).(x^2 + y).$$

Este é um exemplo de *fatoração por agrupamento*.

Exemplo 3.7 Fatore as expressões

a) $x^2 + 2xy + y^2$;   b) $x^2 - 2xy + y^2$;   c) $x^2 - y^2$;   d) $x^3 - y^3$.

Solução

Notamos que as expressões algébricas apresentadas neste exemplo são conhecidas, estão na tabela 3.1. Como elas são os resultados dos produtos notáveis, estes produtos são sua forma fatorada.

a) Como $x^2 + 2xy + y^2$ é o resultado do quadrado da soma de dois termos, sendo x um termo e y o outro, sua forma fatorada será:
$$x^2 + 2xy + y^2 = (x+y)^2 = (x+y).(x+y).$$

b) A expressão $x^2 - 2xy + y^2$ é o resultado do quadrado da diferença dos dois termos, x e y, então sua forma fatorada é:
$$x^2 - 2xy + y^2 = (x - y)^2 = (x - y).(x - y).$$

c) Como $x^2 - y^2$ é o resultado da diferença do quadrado dos termos x e y, sua forma fatorada é
$$x^2 - y^2 = (x + y)(x - y).$$

d) Como $x^3 - y^3$ é o resultado da diferença do cubo de x e de y, sua forma fatorada é
$$x^3 - y^3 = (x - y)(x^2 + xy + y^2).$$

Estes são exemplos de *fatoração por produtos notáveis*. Para identificarmos se uma expressão é resultado de um produto notável, devemos reescrevê-la deixando-a em uma das formas apresentadas na tabela 3.1, para perceber quais são os termos que aparecem no lugar de x e de y. O exemplo a seguir nos mostra esse procedimento.

Exemplo 3.8 Fatore as expressões

a) $x^2 + 8x + 16$;   b) $y^2 - 6y + 9$;   c) $x^2 - 25$;   d) $x^3 - 8$.

Solução

Essas expressões algébricas são da mesma forma das expressões do exemplo anterior, ou seja, são resultados de produtos notáveis. Para encontrarmos sua forma fatorada, temos então que identificar quais são os dois termos envolvidos no produto.

a) Observamos que $x^2 + 8x + 16 = x^2 + 2.4.x + 4^2$, então este é o resultado do quadrado da soma do termo x com o termo 4. Assim a forma fatorada é
$$x^2 + 8x + 16 = (x + 4)^2 = (x + 4)(x + 4).$$

b) Como $y^2 - 6y + 9 = y^2 - 2.3.y + 3^2$, esta expressão é o resultado do quadrado da diferença dos termos y e 3, então sua forma fatorada é:
$$y^2 - 6y + 9 = (y - 3)^2 = (y - 3)(y - 3).$$

c) Temos que $x^2 - 25 = x^2 - 5^2$, que nos leva a concluir que esta expressão é o resultado da diferença do quadrado dos termos x e 5, assim sua forma fatorada é
$$x^2 - 25 = (x + 5)(x - 5).$$

d) Escrevendo $x^3 - 8 = x^3 - 2^3$, observamos que este é o resultado da diferença do cubo de x e de 2; assim sua forma fatorada é

$$x^3 - 8 = (x-2)(x^2 + x.2 + 2^2) = (x-2)(x^2 + 2x + 4).$$

Exemplo 3.9 Fatore a expressão $x^2 - 5x + 6$.

Solução

Esta expressão não é resultado de um produto notável, pois não conseguimos um valor para y que torne a expressão $x^2 - 2.x.y + y^2$ igual a $x^2 - 5x + 6$. Para fatorarmos essa expressão consideremos a equação na forma geral, com $a \neq 0$

$$ax^2 + bx + c = 0.$$

Esta equação pode ser resolvida utilizando a fórmula de Bháskara[3]

$$x = \frac{-b \pm \sqrt{b^2 - 4ac}}{2a}.$$

A dedução desta fórmula pode ser vista na seção A.4 do Anexo A.

Resolvendo $ax^2 + bx + c = 0$ pela fórmula de Bháskara, encontraremos os valores de x que possibilitam escrever a expressão na forma fatorada. Considerando a solução encontrada como x' e x'', chamadas *raízes da equação*, escrevemos a forma fatorada da expressão da seguinte maneira:

$$ax^2 + bx + c = a(x - x')(x - x'').$$

Assim, no exemplo proposto $x^2 - 5x + 6$, temos $a = 1$, $b = -5$ e $c = 6$. Aplicando a fórmula de Bháskara

$$x = \frac{-(-5) \pm \sqrt{(-5)^2 - 4.1.6}}{2.1},$$

obteremos as duas raízes $x' = 2$ e $x'' = 3$. Basta então escrever a forma fatorada

$$x^2 - 5x + 6 = (x-2)(x-3).$$

---

[3]Bháskara viveu, aproximadamente, de 1114 a 1185, na Índia. Matemático e astrônomo, um dos seus livros mais famosos é o Lilavati, um livro bem elementar e dedicado a problemas simples de Aritmética, Geometria Plana (medidas e trigonometria elementar) e Combinatória. Seu outro livro é o Bijaganita, onde está sua famosa fórmula para resolução de equações quadráticas (de segundo grau).

Este caso de fatoração é chamado de *trinômio de segundo grau* (trinômio porque há três termos na expressão e de segundo grau, pois o maior expoente é 2).

Nos último exemplo que apresentaremos nesta seção, mostraremos como mais de um tipo de fatoração pode ser utilizado na mesma expressão.

Exemplo 3.10 Fatore a expressão

$$2x^3 - 4x^2y + 2xy^2.$$

Solução

Inicialmente, observamos que a única variável que aparece em todos os termos é o x e o menor expoente é 1. Além disso, todos os coeficientes podem ser divididos por 2, logo existe um fator comum: $2x$. Utilizando este fator comum, obtemos

$$2x^3 - 4x^2y + 2xy^2 = 2x(x^2 - 2xy + y^2).$$

Oservando que o termo entre parênteses é um produto notável, o quadrado da diferença de dois termos: $x^2 - 2xy + y^2 = (x - y)^2$, reescrevemos esta expressão na forma

$$2x^3 - 4x^2y + 2xy^2 = 2x(x^2 - 2xy + y^2) = 2x(x - y)^2.$$

Na tabela 3.2, apresentamos resumidamente os tipos de fatoração trabalhados nos exemplos anteriores.

Tabela 3.2: Fatoração de algumas expressões algébricas

Denominação	Notação e exemplo	Comentário
Fator comum	expressão = **fator comum** .(...) Exemplo: $3x^3y - 6x^2 = 3x^2(xy - 2)$	O fator comum é formado pelas variáveis que aparecem em todos os termos, com o menor expoente e pelo coeficiente que divide todos os demais da expressão. Nos parentêses, colocamos o resultado da divisão da expressão pelo fator comum.
Agrupamento	expressão = **fator comum 1** .(...) +**fator comum 2** .(...) Exemplo: $[2a - 2b] + [a^2 - ab] = 2(a - b) +$ $a(a - b)$ $= (a - b)(2 + a)$	Agrupamos os termos dois a dois e de cada agrupamento determinamos o fator comum 1 e o fator comum 2. Realizando essa primeira fatoração surge um novo fator comum nos parênteses. Então fatoramos novamente, colocando esse termo em evidência e no outro parêntese, os termos restantes.
Quadrado da soma de dois termos	$x^2 + 2xy + y^2 = (x + y)^2$ Exemplo: $9b^2 + 12b + 4 = (3b)^2 + 2.3.2b + 2^2$ $= (3b + 2)^2$	A expressão possui dois termos elevados ao quadrado e o outro, é o dobro do produto desses termos.
Quadrado da diferença de dois termos	$x^2 - 2xy + y^2 = (x - y)^2$ Exemplo: $b^2 - 10b + 25 = b^2 - 2.5b + 5^2$ $= (b - 5)^2$	A expressão possui dois termos elevados ao quadrado e o outro, que é um termo negativo, é o dobro do produto desses termos.
Produto da soma pela diferença	$x^2 - y^2 = (x + y)(x - y)$ Exemplo: $36a^2 - y^2 = (6a)^2 - y^2$ $= (6a + y)(6a - y)$	A expressão é a diferença de dois termos elevados ao quadrado. Determinando esses termos escrevemos um fator com a soma e o outro com a diferença deles.

Diferença de dois cubos	$x^3 - y^3 = (x-y)(x^2 + xy + y^2)$ Exemplo: $8a^3 - b^3 = (2a)^3 - (b)^3$ $= (2a-b)(a^2 + 2ab + b^2)$	A expressão é a diferença de dois termos elevados ao cubo. Identificados esses termos, os substituimos na forma da expressão fatorada.
Trinômio de segundo grau	$ax^2 + bx + c = a(x-x')(x-x'')$ Exemplo: $2a^2 + 2a - 4$ As raízes são $x' = 1$ e $x'' = -2$. Então escrevemos $2a^2 + 2a - 4 = 2(a-1)(a+2)$	Os três termos formam uma expressão de segundo grau, cujas raízes x' e x'' são calculadas pela fórmula de Bháskara. As raízes são usadas para escrever a forma fatorada.

3.7 Exercícios

1. Fatore cada expressão algébrica:

   (a) $xy - x$
   (b) $100 - x^2y^2$
   (c) $ax^2 - ay^2$
   (d) $25x^3 - 16x$
   (e) $m^3p - p^3m$
   (f) $3x^2y - 6xy^3 + 9x^2y^2$
   (g) $x^3 - 2x^2 - 3x$
   (h) $\dfrac{1}{2}x^4y^2 + \dfrac{1}{4}x^2y^4$
   (i) $x^3y^2 - 2mxy^5$
   (j) $x^2 - y - y^2 + x$
   (k) $4y^6 + 4y^5 + y + 1$
   (l) $2a^3 + 6ax - 3a^2b - 9bx$
   (m) $x^2y + 2xy^2 - 2xy - 4y^2$
   (n) $3x^2y^2 - 12xy + 12$
   (o) $y^4 - 6mxy^2 + 9m^2x^2$
   (p) $m^4x^2 + 4m^3xy + 4y^2m^2$
   (q) $9a^2x^2 - 6ab^3x + b^6$
   (r) $\dfrac{1}{9}x^2 - \dfrac{1}{6}xy + \dfrac{1}{16}y^2$

3.8 Simplificação de frações algébricas

Quando as expressões algébricas aparecem envolvidas em frações, muitas vezes é necessário fatorar e aplicar algumas simplificações para realizarmos operações com elas. Nessa seção, iniciamos definindo fração algébrica e depois apresentamos exemplos que ilustram como podemos realizar essas operações.

Definição 3.3 Chama-se *fração algébrica* toda fração que envolve uma expressão algébrica.

Exemplo 3.11 São exemplos de frações algébricas:

a) $\dfrac{y}{x}$; b) $\dfrac{x+y}{1+z}$; c) $\dfrac{2}{\sqrt{y}}$.

Da mesma forma que fatoramos e simplificamos frações numéricas, por exemplo,
$$\frac{16}{32} = \frac{4 \cdot 4}{4 \cdot 4 \cdot 2} = \frac{1}{2},$$
podemos simplificar certas frações algébricas. Observamos que para realizarmos a simplificação fatoramos os números e depois simplificamos os termos iguais que aparecem no numerador e no denominador. Para simplificar frações algébricas o procedimento é o mesmo: realizaremos primeiro a fatoração das expressões que aparecem no numerador e denominador (utilizando as fatorações apresentadas na tabela 3.2) e depois simplificamos os termos que aparecem tanto no numerador, quanto no denominador.

Exemplo 3.12 Simplifique a expressão $\dfrac{x^2 - y^2}{4x + 4y}$.

Solução

Pela tabela 3.2, observamos que a expressão do numerador é o resultado do produto notável da diferença de dois quadrados: $x^2 - y^2 = (x+y)(x-y)$ e a expressão do denominador apresenta um fator comum: $4x + 4y = 4(x+y)$. Assim escrevemos

$$\frac{x^2 - y^2}{4x + 4y} = \frac{(x+y)(x-y)}{4(x+y)} = \frac{x-y}{4}.$$

Observamos que o termo simplificado foi $(x+y)$, pois como ele aparece no numerador e no denominador realizamos a operação

$$\frac{(x+y)}{(x+y)} = 1.$$

Exemplo 3.13 Simplifique a expressão $\dfrac{m^2 - 2mn + n^2}{m^2 - n^2}$.

Solução

Observando que o numerador e o denominador são resultados de produtos notáveis,

$$m^2 - 2mn + n^2 = (m-n)^2$$
$$m^2 - n^2 = (m-n)(m+n),$$

obtemos

$$\frac{m^2 - 2mn + n^2}{m^2 - n^2} = \frac{(m-n)^2}{(m+n)(m-n)}$$
$$= \frac{(m-n)(m-n)}{(m+n)(m-n)} = \frac{m-n}{m+n}.$$

Exemplo 3.14 Simplifique a expressão $\dfrac{x^3y - 2x^2y^2}{x^2 - 4xy + 4y^2}$.

Solução

Primeiramente, vamos fatorar o numerador, observando que ele possui um fator comum. Pondo este fator em comum em evidência, obtemos

$$x^3y - 2x^2y^2 = x^2y(x - 2y).$$

Já o denominador é um produto notável, o quadrado da diferença de dois termos. Então escrevemos

$$x^2 - 4xy + 4y^2 = (x - 2y)^2.$$

Assim,

$$\frac{x^3y - 2x^2y^2}{x^2 - 4xy + 4y^2} = \frac{x^2y(x-2y)}{(x-2y)^2} = \frac{x^2y(x-2y)}{(x-2y)(x-2y)} = \frac{x^2y}{x-2y}.$$

3.9 Exercícios

1. Simplifique cada fração algébrica:

    (a) $\dfrac{a-5}{a^2-25}$ (b) $\dfrac{x^2-y^2}{xy+y^2}$ (c) $\dfrac{a-2x}{2bx-ab}$

    (d) $\dfrac{20x^3y^2z^4}{15x^6y^6z}$ (e) $\dfrac{x^2-4xy+4y^2}{x^2-4y^2}$ (f) $\dfrac{a^2+2ac+c^2}{a^2-c^2}$

    (g) $\dfrac{xy+y+5x+5}{3y+15}$ (h) $\dfrac{x^2-y^2}{x^2-2xy+y^2}$ (i) $\dfrac{x^2-5x+6}{x^2-9}$

    (j) $\dfrac{x^4-1}{x^4+2x^2+1}$ (k) $\dfrac{x^2-x-6}{2x^2+4x}$ (ℓ) $\dfrac{x^2+4x-5}{x^2-2x+1}$

2. Diga se cada igualdade a seguir é verdadeira ou falsa, justificando.

    (a) $(p+q)^2 = p^2 + q^2$ (b) $\dfrac{1+TC}{C} = 1+T$

    (c) $\dfrac{1}{x-y} = \dfrac{1}{x} - \dfrac{1}{y}$ (d) $\sqrt{a^2+b^2} = a+b$

3. Mostre que as identidades a seguir são **falsas**.

    (a) $a(b+c) = ab + c$ (b) $a + a = a^2$

    (c) $\dfrac{a+b}{b} = a$ (d) $\dfrac{a+b}{b} = a+1$

4. Mostre que a identidade a seguir é verdadeira ($a \neq 0$):

$$ax^2 + bx + c = a\left[\left(x+\dfrac{b}{2a}\right)^2 - \dfrac{b^2-4ac}{4a^2}\right].$$

Obs.: A equação $ax^2+bx+c=0$ é uma equação de segundo grau. Note que a igualdade acima, sendo igual a zero, nos dará a dedução da fórmula de Bháskara.

5. Efetue as operações seguintes e simplifique:

    (a) $\dfrac{4x^2-7xy}{3x^2} + \dfrac{8y^2-3x}{6x} - \dfrac{5}{12}$ (d) $\dfrac{4t^2}{t^2-s^2} - \dfrac{t-s}{t+s} + \dfrac{t+s}{t-s}$

    (b) $\dfrac{5}{2x+2} - \dfrac{7}{3x-3} + \dfrac{1}{6x-6}$

    (c) $\dfrac{x+1}{2x-2} - \dfrac{x-1}{2x+2} + \dfrac{4x}{x^2-4}$ (e) $\dfrac{2a+b}{x-4} \cdot \dfrac{x^2-8x+16}{x^2-9}$

(f) $\dfrac{x^4 - 256}{x^2 + xy + 4x + 4y} \cdot \dfrac{x^2 - y^2}{2x - 8}$

(g) $\dfrac{x+y}{7x - 7y} \div \dfrac{x^2 + xy}{7x}$

(h) $\dfrac{m^2 - 36}{x^2 y^2} \div \dfrac{2m + 12}{xy^2}$

(i) $\dfrac{x^2 + 2xy + y^2}{x - y} \div \dfrac{x+y}{x^2 - 2xy + y^2}$

(j) $\left(\dfrac{x}{y} - \dfrac{y}{x}\right) \div \left(\dfrac{x}{y} + 1\right)$

(k) $\left(1 + \dfrac{x-a}{x+a}\right) \div \left(1 - \dfrac{x-a}{x+a}\right)$

(ℓ) $\left(\dfrac{-4m^2 n^5 p}{3r^2 t^7}\right)^2$

(m) $\left(\dfrac{3x^{\frac{3}{2}} y^3}{x^2 y^{-\frac{1}{2}}}\right)^{-2}$

(n) $\dfrac{2}{a+b} \div \dfrac{4}{ax + bx}$

6. (UF-MG) Considere o conjunto de todos os valores de x e y para os quais a expressão a seguir está definida

$$M = \dfrac{\dfrac{x^2}{y^2} - \dfrac{y^2}{x^2}}{\dfrac{1}{x^2} + \dfrac{2}{xy} + \dfrac{1}{y^2}}$$

Nesse conjunto, a expressão equivalente a M é

a) $(x-y)(x+y)$

b) $(x-y)(x^2 + y^2)$

c) $\dfrac{x-y}{x^2 + y^2}$

d) $\dfrac{x-y}{x+y}$

e) $\dfrac{(x-y)(x^2 + y^2)}{x+y}$

4 Função

Em muitas situações reais, o valor de uma grandeza depende do valor de outras grandezas. Essas situações podem ser representadas matematicamente através de funções. Neste capítulo, estudaremos algumas características, propriedades e definições gerais de uma função real. Essas noções serão aplicadas nos capítulos posteriores ao estudarmos mais detalhadamente alguns tipos especiais dessas funções.

4.1 Introdução

Para termos uma noção de como duas grandezas podem estar relacionadas, iniciamos nosso estudo de funções considerando a tabela 4.1 que apresenta o crescimento da população do município de Pelotas de 2001 a 2011[1].

Tabela 4.1: População de Pelotas - RS.

Ano	Habitantes	Ano	Habitantes
2001	322.114	2007	326.846
2002	322.970	2008	327.220
2003	323.763	2009	327.776
2004	324.586	2010	328.275
2005	325.416	2011	329.173
2006	326.192		

Podemos relacionar a população de Pelotas com o ano, isto é, a cada ano temos um único valor que representa o número de habitantes na cidade de Pelotas. Neste caso, temos uma *função* ou uma relação. A população é chamada

---
[1]Fonte: FEE - Fundação de Economia e Estatística.

de *variável dependente*, pois ela é descrita em função do ano, que é chamado de *variável independente*. Escrevemos $y = f(x)$, onde f é o nome da função e as variáveis x e y são duas grandezas que estão relacionadas através desta função f.

Portanto, a tabela 4.1 representa a população de Pelotas em função do ano. Se chamarmos essa função de f, podemos escrever:

$$f(2001) = 322.114$$

ou

$$f(2010) = 328.275,$$

que significam que em 2001 a população de Pelotas era de 322.114 habitantes e que, em 2010, a população cresceu para 328.275 habitantes.

4.2 Definição de função

Definição 4.1 Dados dois conjuntos A e B, não vazios, chama-se *relação de A em B* a qualquer conjunto formado por pares ordenados (x, y) em que $x \in A$ e $y \in B$.

Notação:

$$f : A \to B$$

Utilizaremos as letras f, g, h, etc. (minúsculas) para denotar as relações de A em B e escreveremos $(x, y) \in f$ para indicar que o par ordenado (x, y) pertence a relação f.

Exemplo 4.1 Dados os conjuntos $A = \{0, 1, 2, 3\}$ e $B = \{7, 8, 9\}$, dê três exemplos de relações de A em B.

Solução

Formando pares ordenados (x, y), onde $x \in A$ e $y \in B$, podemos escrever, por exemplo:

$$\begin{aligned} f &= \{(0, 7)\}, \\ g &= \{(0, 8), (1, 7), (1, 8), (2, 9), (3, 9)\}, \\ h &= \{(0, 7), (1, 8), (2, 8), (3, 9)\}, \end{aligned}$$

que são exemplos de relações de A em B.

Definição 4.2 Uma relação f de A em B recebe o nome de *função definida em A com imagens em B* ou *aplicação de A em B* se, e somente se, para todo $x \in A$ existe um só $y \in B$ tal que $(x, y) \in f$.

Exemplo 4.2 Das relações listadas no exemplo 4.4, determine quais são funções.

Solução

Só a relação h é uma função. De fato, em f os elementos $1, 2$ e 3 não participam de nenhum par, em g o elemento 1 participa de dois pares, enquanto a relação h satisfaz a definição de função (verifique!).

4.3 Lei de correspondência

Geralmente, existe uma *sentença (ou lei)* $y = f(x)$ que expressa a correspondência mediante a qual, dado $x \in A$, determina-se $y \in B$, de modo que $(x, y) \in f$.

Notação:

$$f : A \to B$$
$$x \mapsto f(x)$$

Observação 4.1 Observamos que a notação $x \mapsto f(x)$ indica que, para cada $x \in A$, calculamos $f(x)$ substituindo o valor de x na função f dada. O valor obtido $f(x)$ é chamado *valor numérico* de f em x.

Exemplo 4.3 Determine todos os pares ordenados da função $f : A \to B$, definida pela sentença $y = x^2$, considerando os conjuntos $A = \{1, 2, 3\}$ e $B = \{1, 2, 3, 4, 5, 6, 7, 8, 9\}$.

Solução

Para cada valor de $x \in A$, calculamos $y \in B$, substituindo x na sentença $y = x^2$.

Assim, obtemos:

$$x = 1 \Rightarrow f(1) = 1^2 = 1$$
$$x = 2 \Rightarrow f(2) = 2^2 = 4$$
$$x = 3 \Rightarrow f(3) = 3^2 = 9.$$

Dizemos que 1, 4 e 9 são os *valores numéricos de* f em 1, 2 e 3, respectivamente.

Temos, então, os três pares ordenados que pertencem à função f

$$f = \{(1,1), (2,4), (3,9)\}.$$

Frequentemente, encontramos funções em que a lei de correspondência para obter y a partir de x muda, dependendo do valor de x. Dizemos que essas funções são *definidas por várias sentenças*. Vejamos os exemplos a seguir.

Exemplo 4.4 Considere a função $f : \mathbb{R} \to \mathbb{R}$ dada por

$$f(x) = \begin{cases} 4, & \text{se } x \leq 0 \\ -4, & \text{se } x > 0 \end{cases}.$$

Determine $f(-1)$, $f(1)$ e $f(0)$.

Solução

Observamos que f é uma função definida por duas sentenças: $y = 4$ (quando $x \leq 0$) e $y = -4$ (quando $x > 0$).

Assim,
$f(-1) = 4$, pois $x = -1 < 0$, satisfaz a primeira sentença,
$f(1) = -4$, pois $x = 1 > 0$, satisfaz a segunda sentença e
$f(0) = 4$, pois $x = 0$, satisfaz a primeira sentença.

Exemplo 4.5 Considere a função $f : \mathbb{R} \to \mathbb{R}$ dada por

$$f(x) = \begin{cases} -x, & \text{se } x < -1 \\ 0, & \text{se } -1 \leq x < 0 \\ x, & \text{se } x \geq 0 \end{cases}.$$

Determine $f(1)$, $f(-1)$ e $f(-2)$.

Solução

Observamos que f é uma função definida por três sentenças: $y = -x$ (quando $x < -1$), $y = 0$ (quando $-1 \leq x < 0$) e $y = x$ (quando $x \geq 0$).
Assim,
$f(1) = 1$, pois $x = 1 \geq 0$, satisfaz a terceira sentença.
$f(-1) = 0$, pois $x = -1$, satisfaz a segunda sentença.
$f(-2) = -(-2) = 2$, pois $x = -2 < -1$, satisfaz a primeira sentença.

Estudaremos uma função bastante usual, definida por duas sentenças no capítulo 7, chamada função modular.

4.4 Domínio e imagem

Definição 4.3 Seja $f : A \to B$ uma função.

(i) Chamamos de *domínio* de f e denotamos por $D(f)$ ao conjunto A.

(ii) Chamamos de *imagem* de f e denotamos por $Im(f)$ ao conjunto constituído pelos elementos $y \in B$ para os quais existe algum $x \in A$ tal que $(x, y) \in f$.

(iii) Chamamos de *contradomínio* ou *codomínio* de f e denotamos por $CD(f)$ ao conjunto B.

É evidente que, para toda função f, temos $Im(f) \subset CD(f)$.

Exemplo 4.6 Sejam $A = \{2, 3, 4\}$, $B = \{0, 1, 2, 3, 4, 5, 6\}$ e $f : A \to B$, onde f é definida pela sentença $y = x + 1$, determine:

a) os pares ordenados de f;

b) o domínio de f;

c) a imagem de f;

d) o contradomínio de f.

Solução

a) Substituindo os elementos de A na sentença $y = x + 1$, obtemos:
quando $x = 2 \Rightarrow y = 2 + 1 = 3$;
quando $x = 3 \Rightarrow y = 3 + 1 = 4$;
quando $x = 4 \Rightarrow y = 4 + 1 = 5$;
que resulta nos pares ordenados $f = \{(2,3), (3,4), (4,5)\}$;

b) O domínio de f é o conjunto A, ou seja, $D(f) = \{2, 3, 4\}$;

c) A imagem de f está contida no conjunto B, isto é, os valores de $y \in B$ para os quais existe algum $x \in A$ tal que $(x, y) \in f$. Assim,

$$Im(f) = \{3, 4, 5\};$$

d) O contradomínio de f é o conjunto B, ou seja,

$$CD(f) = \{0, 1, 2, 3, 4, 5, 6\}.$$

A representação de $f : A \to B$, em forma de diagrama de Venn, é mostrada na figura 4.1, onde as flechas representam os pares ordenados.

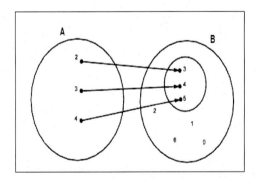

Figura 4.1: Diagrama do exemplo 4.6.

4.5 Representação gráfica de uma função

Outra forma de representar uma função é no plano cartesiano. Vejamos o exemplo 4.7 abaixo.

Exemplo 4.7 Considere a função

$$f : A \to B$$
$$x \mapsto f(x)$$

onde $A = \{x \in \mathbb{R}| -2 \leq x \leq 1\}$ e $B = \{y \in \mathbb{R}|4 \leq y \leq 0\}$ e a sentença $y = x^2$. Represente graficamente esta relação.

Solução

Para alguns valores de $x \in A$, calculamos $y \in B$, substituindo x na sentença $y = x^2$.
Assim, obtemos:

$$x = -2 \Rightarrow f(-2) = (-2)^2 = 4$$
$$x = -1 \Rightarrow f(-1) = (-1)^2 = 1;$$
$$x = 0 \Rightarrow f(0) = 0^2 = 0 \text{ e}$$
$$x = 1 \Rightarrow f(1) = 1^2 = 1.$$

Temos, então, quatro pares ordenados que pertencem à função f:

$$f = \{(-2, 4), (-1, 1), (0, 0), (1, 1)\}.$$

Embora não possamos representar todos os pontos de uma função no plano cartesiano, é aceitável traçar um número suficiente de pontos para cada tipo de função, em um intervalo adequado e conectar esses pontos por segmentos de curvas. Assim, teremos uma boa aproximação da curva real. Colocando os pontos de f no plano cartesiano, obtemos a figura 4.2. Estudaremos novamente esta função na seção 6.1.

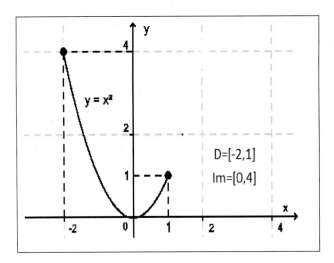

Figura 4.2: Representação gráfica do exemplo 4.7.

Lembramos ainda que, feita a representação cartesiana (gráfico) da função f, temos:

(i) *Domínio* $D(f)$ é o conjunto das abscissas dos pontos do gráfico, isto é, o conjunto das abscissas dos pontos tais que as retas verticais por eles conduzidas interceptam o gráfico.

(ii) *Imagem* $Im(f)$ é o conjunto das ordenadas dos pontos do gráfico, isto é, o conjunto das ordenadas dos pontos tais que as retas horizontais por eles conduzidas interceptam o gráfico.

4.6 Função crescente e decrescente

Intuitivamente, podemos dizer que uma *função crescente* é aquela em que os valores de y estão aumentando à medida que x aumenta. Uma *função decrescente* é aquela em que os valores de y estão diminuindo, enquanto x aumenta. Formalmente, temos:

Definição 4.4 Uma função f é *crescente* no intervalo $[a, b]$, se $f(x_1) < f(x_2)$, sempre que $x_1 < x_2$ em $[a, b]$.

Definição 4.5 Uma função f é *decrescente* no intervalo $[a, b]$, se $f(x_1) > f(x_2)$, sempre que $x_1 < x_2$ em $[a, b]$.

Exemplo 4.8 Observe a figura 4.2 do exemplo 4.7 e determine para que valores de x a função é crescente e para quais é decrescente.

Solução

Lembrando o domínio da função do exemplo 4.7, podemos observar que

$$f(-2) > f(-1) > f(0),$$

portanto f é crescente entre $[-2, 0]$, mas

$$f(0) < f(1).$$

Assim, f é crescente no intervalo $[0, 1]$.

4.7 Composição de funções

Definição 4.6 Dadas as funções $f : A \to B$ e $g : B \to C$, chama-se *função composta* de g com f a função $h : A \to C$ definida pela lei $h(x) = g(f(x))$.

Isso quer dizer que a função h leva cada $x \in A$ no elemento $h(x)$ obtido da seguinte forma: sobre $x \in A$ aplica-se f, obtendo o elemento $f(x) \in B$, e sobre $f(x)$ aplica-se g, obtendo-se o elemento $g(f(x)) \in C$, também chamado $h(x)$.

A função h, composta de g e f, também pode ser indicada com o símbolo $g \circ f$.

Exemplo 4.9

Sejam $A\{-1, 0, 1, 2\}$, $B = \{-4, -2, 0, 2\}$ e $C = \{0, 2, 8\}$. Consideramos as funções $f : A \to B$ tal que $f(x) = 2x - 2$ e $g : B \to C$ tal que $g(x) = \dfrac{x^2}{2}$, determine $h(x) = g(f(x))$.

Solução

É imediato que

$$f(-1) = -4, f(0) = -2, f(1) = 0, f(2) = 2.$$

Também é evidente que:

$$g(-4) = 8, g(-2) = 2, g(0) = 0, g(2) = 2.$$

Neste caso, a função composta h é a função de A em C que tem o seguinte comportamento:

$$\begin{aligned} h(-1) &= g(f(-1)) = g(-4) = 8; \\ h(0) &= g(f(0)) = g(-2) = 2; \\ h(1) &= g(f(1)) = g(0) = 0; \\ h(2) &= g(f(2)) = g(2) = 2. \end{aligned}$$

A função h tem também uma lei de correspondência que pode ser encontrada se procuramos o valor de $h(x)$:

$$h(x) = g(f(x)) = g(2x - 2) = 2x^2 - 4x + 2.$$

De forma geral, para obtermos a lei de correspondência da função composta $h = f \circ g$, devemos trocar x por $f(x)$ na lei de g.

Exemplo 4.10 Sejam as funções de $f, g : \mathbb{R} \to \mathbb{R}$, definidas por $f(x) = 2x + 1$ e $g(x) = x^2$. Obtenha a lei de correspondência de $h(x) = g(f(x))$.

Solução

A composta de g com f é a função $h : \mathbb{R} \to \mathbb{R}$ tal que:

$$\begin{aligned} h(x) = (g \circ f)(x) = g(f(x)) &= (f(x))^2 \\ &= (2x + 1)^2 \\ &= 4x^2 + 2x + 1. \end{aligned}$$

Exemplo 4.11 Sejam as funções $f, g : \mathbb{R} \to \mathbb{R}$, definidas por $f(x) = 5x$ e

$g(x) = x^2 + 2x$. Obtenha a lei de correspondência de $h(x) = g(f(x))$.

Solução

A composta de g com f é a função: $h : \mathbb{R} \to \mathbb{R}$ tal que:

$$\begin{aligned} h(x) = (g \circ f)(x) = g(f(x)) &= (f(x))^2 + 2.f(x) \\ &= (5x)^2 + 2(5x) \\ &= 25x^2 + 10x. \end{aligned}$$

Observação 4.2 Sejam $f : A \to B$ e $g : C \to D$ funções dadas.

(i) A composta $g \circ f$ só é definida quando o contradomínio de f está contido no domínio de g, isto é, quando $B \subset C$.

(ii) Quando $A = D$, isto é, $f : A \to B$ e $g : B \to A$ é possível definir duas compostas $g \circ f = F_1$ e $f \circ g = F_2$.

Exemplo 4.12 Se $f : \mathbb{R}_+ \to \mathbb{R}$ é dada por $f(x) = \sqrt{x}$ e $g : \mathbb{R} \to \mathbb{R}_+$ é dada por $g = x^2 + 2$, determine $F_1 = g \circ f$ e $F_2 = f \circ g$.

Solução

Temos:
$F_1(x) = (g \circ f)(x) = g(f(x)) = (f(x))^2 + 2 = (\sqrt{x})^2 + 2 = x + 2$,
$F_2(x) = (f \circ g)(x) = f(g(x)) = \sqrt{g(x)} = \sqrt{x^2 + 2}$,

sendo $F_1 : \mathbb{R}_+ \to \mathbb{R}_+$ e $F_2 : \mathbb{R} \to \mathbb{R}$.

De maneira geral, quando ambas existem, $g \circ f$ e $f \circ g$ são funções distintas (isto nos obriga a ficar mais atentos quando compomos!).

Observação 4.3 Em muitos casos é necessário decompor (sempre que isso for possível) uma função em duas ou mais funções elementares.

Exemplo 4.13 Como podemos decompor a função $h(x) = \left(\dfrac{1}{x-3} \right)^4$?

Solução

A função $h(x) = \left(\dfrac{1}{x-3}\right)^4$ pode ser vista como $h(x) = \dfrac{1^4}{(x-3)^4}$; portanto, h é a composta $g \circ f$, sendo $g(x) = \left(\dfrac{1}{x-3}\right)$ e $f(x) = x^4$, uma vez que o esquema para calcular $h(x)$ a partir de x é o seguinte:

$$x \longrightarrow \left(\dfrac{1}{x-3}\right) \longrightarrow \left(\dfrac{1}{x-3}\right)^4 \longrightarrow \dfrac{1}{(x-3)^4}.$$

Exemplo 4.14 Como podemos decompor a função $h(x) = \left(\dfrac{1}{x} + 2\right)^3$ como composta de funções elementares?

Solução

Olhando o esquema para calcular $h(x)$, temos:

$$x \longrightarrow \dfrac{1}{x} \longrightarrow \dfrac{1}{x} + 2 \longrightarrow \left(\dfrac{1}{x} + 2\right)^3,$$

então h é a composta $u \circ (g \circ f)$, sendo $f(x) = \dfrac{1}{x}$, $g(x) = \left(\dfrac{1}{x} + 2\right)$ e $u(x) = x^3$.

4.8 Transformações nas funções

É importante observarmos o que acontece com o gráfico de uma função quando multiplicamos ou dividimos, somamos ou subtraimos uma constante à função ou a sua variável independente. Assim, a construção de gráficos de funções pode ser mais simples quando aplicamos essas transformações sobre algumas funções conhecidas.

Matematicamente, consideraremos as modificações no gráfico de uma função $f : \mathbb{R} \to \mathbb{R}$ quando compomos esta função com as seguintes funções básicas:

- $a_k(x) = x + k$ (função adição de k unidades),
- $m_k(x) = kx$ (função multiplicação por um fator positivo k),
- $r(x) = -x$ (função reflexão).

Trabalharemos essas composições nas subseções a seguir.

4.8.1 Translações verticais

Seja $a_k(x) = x + k$, $f : \mathbb{R} \to \mathbb{R}$ e k, um número real. Realizando a composição $a \circ f$, obtemos

$$a \circ f = a(f(x)) = f(x) + k,$$

que resulta no deslocamento vertical da função f. Considerando $k > 0$, teremos os seguintes casos:

- $y = f(x) + k$, deslocamento do gráfico de $y = f(x)$ em k unidades para cima.

- $y = f(x) - k$, deslocamento do gráfico de $y = f(x)$ em k unidades para baixo.

Exemplo 4.15 Considere a função $f : \mathbb{R} \to \mathbb{R}$ representada graficamente abaixo:

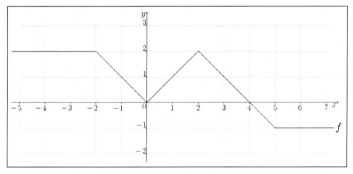

Figura 4.3: Gráfico do exemplo 4.15.

Esboce o gráfico dos seguintes deslocamentos verticais de f:
(a) $g(x) = f(x) + 2$
(b) $h(x) = f(x) - 1$

Solução

(a) Para obtermos o gráfico da função g, deslocamos verticalmente o gráfico da função f em duas unidades para cima ($k = 2$).

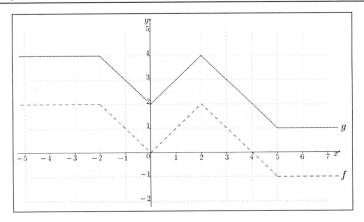

Figura 4.4: Gráfico do exemplo 4.15(a).

(b) Para obtermos o gráfico da função h, deslocamos verticalmente o gráfico da função f em uma unidade para baixo ($k = -1$).

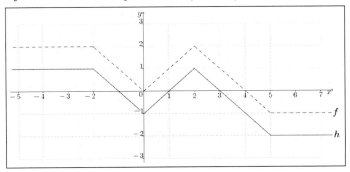

Figura 4.5: Gráfico do exemplo 4.15(b).

4.8.2 Translações horizontais

Seja $a_k(x) = x + k$, $f : \mathbb{R} \to \mathbb{R}$ e k, um número real. Realizando a composição $f \circ a$, obtemos

$$f \circ a = f(a(x)) = f(x + k),$$

que resulta no deslocamento horizontal da função f. Considerando $k > 0$, teremos os seguintes casos:

- $y = f(x + k)$, deslocamento do gráfico de $y = f(x)$ em k unidades para a esquerda.

- $y = f(x - k)$, deslocamento do gráfico de $y = f(x)$ em k unidades para a direita.

Exemplo 4.16 Considere a função $f : \mathbb{R} \to \mathbb{R}$ representada graficamente abaixo:

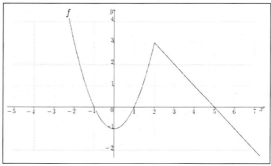

Figura 4.6: Gráfico do exemplo 4.16.

Esboce o gráfico dos seguintes deslocamentos horizontais de f:
(a) $g(x) = f(x - 2)$
(b) $h(x) = f(x + 1)$

Solução

(a) Para obtermos o gráfico da função g, deslocamos horizontalmente o gráfico da função f em duas unidades para a direita ($k = -2$).

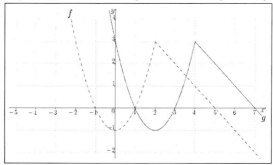

Figura 4.7: Gráfico do exemplo 4.16(a).

(b) Para obtermos o gráfico da função h, deslocamos horizontalmente o gráfico da função f em uma unidade para à esquerda ($k = 1$).

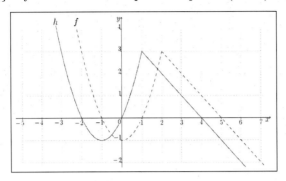

Figura 4.8: Gráfico do exemplo 4.16(b).

Exemplo 4.17 Considere a função $f : \mathbb{R} \to \mathbb{R}$ representada graficamente abaixo:

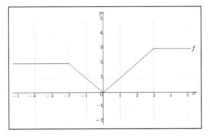

Figura 4.9: Gráfico do exemplo 4.(17).

Esboce o gráfico dos seguintes deslocamentos de f:

(a) $f_1(x) = f(x) - 1$

(b) $f_2(x) = f(x + 2)$

(c) $f_3(x) = f(x + 2) - 1$

(d) $f_4(x) = f(x - 1) + 1$.

Solução

Os gráficos são apresentados a seguir e representam os seguintes procedimentos:

a) deslocamento vertical de 1 unidade para baixo;

b) deslocamento horizontal de 2 unidades para à esquerda;
c) os dois deslocamentos realizados nos itens (a) e (b);
d) deslocamento horizontal de 1 unidade para à direita e vertical de 1 unidade para cima.

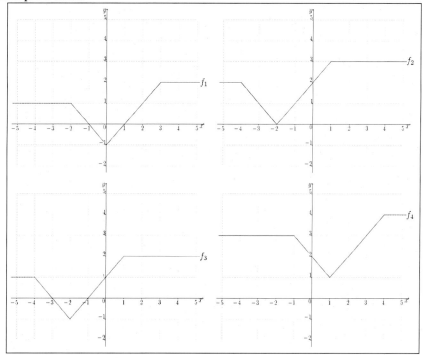

Figura 4.10: Gráfico da solução do exemplo 4.17.

4.8.3 Alongamentos e compressões verticais

Sejam as funções $m_k(x) = kx$ e $f : \mathbb{R} \to \mathbb{R}$. A composição $m \circ f = m(f(x)) = kf(x)$, resulta num alongamento vertical de f, se $k > 1$ e numa compressão vertical de f, se $0 < k < 1$.

Assim, considerando $k > 1$, vamos obter os gráficos

- $y = kf(x)$, alongando o gráfico de $y = f(x)$ verticalmente por um fator de k unidades.

- $y = \dfrac{1}{k}f(x)$, comprimindo o gráfico de $y = f(x)$ verticalmente por um fator de k unidades.

Exemplo 4.18 Considere a função $f : \mathbb{R} \to \mathbb{R}$ representada graficamente a seguir:

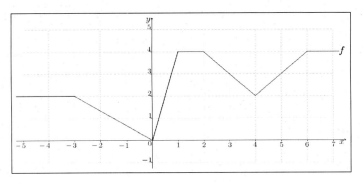

Figura 4.11: Gráfico do exemplo 4.18.

Esboce os seguintes gráficos:
(a) $g(x) = 2f(x)$
(b) $h(x) = \frac{1}{2}f(x)$.

Solução

(a) Para obtermos o gráfico da função g, alongamos verticalmente o gráfico da função f ($k = 2$). Como o fator é de 2 unidades, cada valor de y deve ser dobrado.

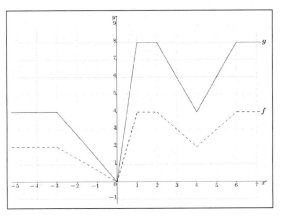

Figura 4.12: Gráfico do exemplo 4.18(a).

(b) Para obtermos o gráfico da função h, comprimimos verticalmente o gráfico da função f pela metade ($k = \frac{1}{2}$).

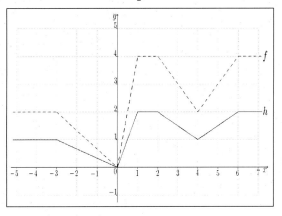

Figura 4.13: Gráfico do exemplo 4.18(b).

4.8.4 Alongamentos e compressões horizontais

Sejam as funções $m_k(x) = kx$ e $f : \mathbb{R} \to \mathbb{R}$. A composição

$$f \circ m = f(m(x)) = f(kx),$$

- resulta num alongamento horizontal de f, se $0 < k < 1$;
- resulta numa compressão horizontal de f, se $k > 1$.

Assim, considerando $k > 1$, vamos obter os gráficos

- $y = f(kx)$, comprimindo o gráfico de $y = f(x)$ horizontalmente por um fator de k unidades.

- $y = f\left(\dfrac{1}{k}x\right)$, alongando o gráfico de $y = f(x)$ horizontalmente por um fator de k unidades.

Exemplo 4.19   Considere a função $f : \mathbb{R} \to \mathbb{R}$ representada graficamente abaixo:

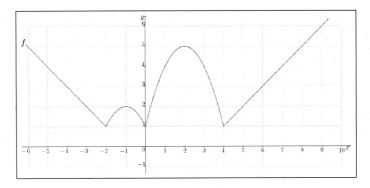

Figura 4.14: Gráfico do exemplo 4.19.

Esboce os seguintes gráficos:
(a) $g(x) = f(2x)$
(b) $h(x) = f(\frac{1}{2}x)$.

Solução

(a) Para obtermos o gráfico da função g, contraímos horizontalmente o gráfico da função f pela metade ($k = 2$).

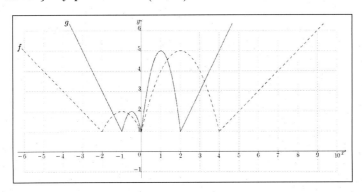

Figura 4.15: Gráfico do exemplo 4.19(a).

(b) Para obtermos o gráfico da função h, alongamos horizontalmente o gráfico da função f pelo dobro ($k = \frac{1}{2}$).

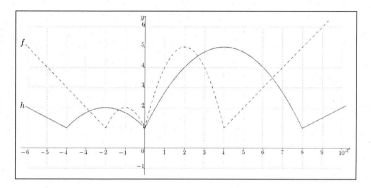

Figura 4.16: Gráfico do exemplo 4.19(b).

Exemplo 4.20 Considere a função $f : \mathbb{R} \to \mathbb{R}$ representada graficamente na figura 4.17.

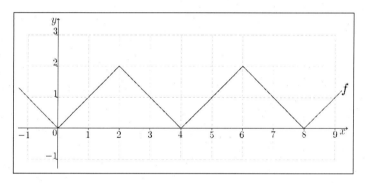

Figura 4.17: Gráfico do exemplo 4.20.

Esboce o gráfico dos seguintes alongamentos ou compressões de f:

(a) $f_1(x) = 3f(x)$

(b) $f_2(x) = f(2x)$

(c) $f_3(x) = 3f(2x)$

(d) $f_4(x) = \frac{5}{2}f(\frac{2}{3}x)$.

Solução

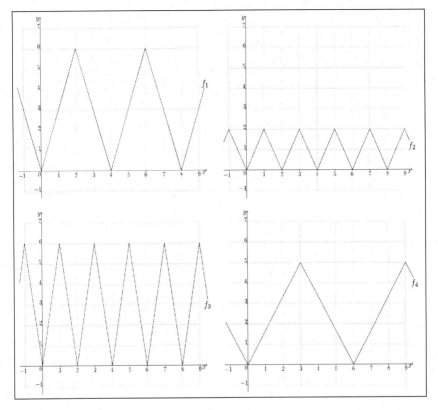

Figura 4.18: Gráfico da solução do exemplo 4.20.

4.8.5 Reflexões

Sejam as funções $r(x) = -x$ e $f : \mathbb{R} \to \mathbb{R}$. A composição $r \circ f = r(f(x)) = -f(x)$ e $f \circ r = f(-x)$ resultam em reflexões da função f:

- $y = -f(x)$, reflete o gráfico de $y = f(x)$ em torno do eixo horizontal.
- $y = f(-x)$, reflete o gráfico de $y = f(x)$ em torno do eixo vertical.

Exemplo 4.21 Considere a função $f : \mathbb{R} \to \mathbb{R}$ representada graficamente abaixo:

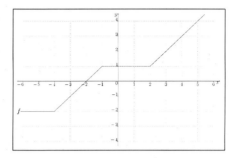

Figura 4.19: Gráfico do exemplo 4.21.

Esboce o gráfico da função $g : \mathbb{R} \to \mathbb{R}$ dada por $g(x) = -f(x)$.

Solução

Para obtermos o gráfico da função g, refletimos o gráfico da função f em relação ao eixo horizontal, ou das abscissas (eixo x).

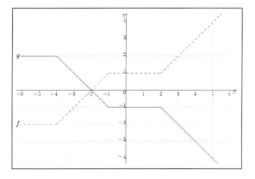

Figura 4.20: Gráfico da solução do exemplo 4.21.

Exemplo 4.22 Considere a função $f : \mathbb{R} \to \mathbb{R}$ representada graficamente abaixo:

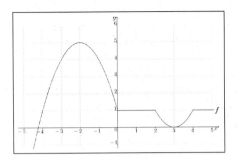

Figura 4.21: Gráfico do exemplo 4.22.

Esboce o gráfico da função $g : \mathbb{R} \to \mathbb{R}$ dada por $g(x) = f(-x)$.

Solução

Para obtermos o gráfico da função g, refletimos o gráfico da função f em relação ao eixo vertical, ou das ordenadas (eixo y).

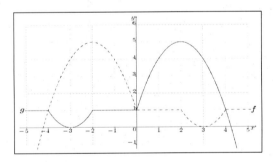

Figura 4.22: Gráfico da solução do exemplo 4.22.

Exemplo 4.23 Considere a função $f : \mathbb{R} \to \mathbb{R}$ representada graficamente abaixo:

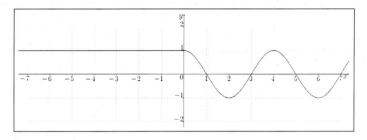

Figura 4.23: Gráfico do exemplo 4.23.

Esboce o gráfico das seguintes reflexões de f:

$$f_1(x) = -f(x), \ f_2(x) = f(-x) \ \text{e} \ f_3(x) = -f(-x).$$

Solução

O gráfico de $f_1(x)$ é uma reflexão de f em torno do eixo horizontal, $f_2(x)$, em torno do eixo vertical e para obtermos $f_3(x)$, realizamos simultaneamente as duas reflexões, conforme mostramos nas figuras a seguir.

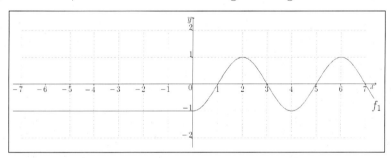

Figura 4.24: Gráfico de $f_1(x)$ do exemplo 4.23.

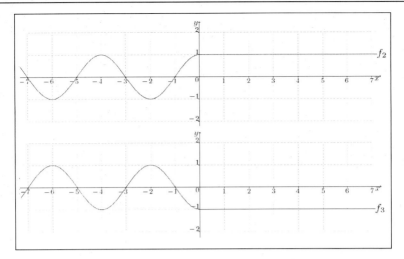

Figura 4.25: Gráfico de $f_2(x)$ e $f_3(x)$ do exemplo 4.23.

4.9 Função par e função ímpar

Definição 4.7 Uma função f é dita *par* se, para todo x em seu domínio, temos

$$f(x) = f(-x).$$

Graficamente, a função par é uma curva simétrica em relação ao eixo y. Observe o gráfico da figura 4.26.

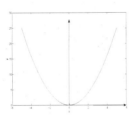

Figura 4.26: Gráfico de uma função par.

Exemplo 4.24 Verifique que as funções polinomiais do tipo

$$f(x) = x^2,\ f(x) = x^4,\ \ldots,\ f(x) = x^{(2n)},$$

onde $n \in N$, são funções pares.

Solução

Como o expoente da variável x é sempre par, temos que:

$$f(-x) = (-x)^{2n} = x^{2n} = f(x).$$

Exemplo 4.25 Verifique que a função $f(x) = |x|$ é par. Seu gráfico é apresentado na figura 4.27.

Solução

Como $f(-x) = |-x| = |x| = f(x)$, concluímos que $f(x) = |x|$ é uma função par.

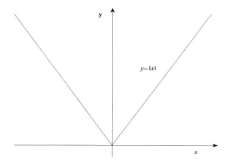

Figura 4.27: Gráfico da função par $f(x) = |x|$.

Definição 4.8 Uma função f é dita *ímpar* se, para todo x em seu domínio, temos
$$f(x) = -f(-x).$$

Graficamente, a função ímpar é uma curva simétrica em relação ao ponto $(0,0)$, ou seja, a origem do sistema cartesiano.

Exemplo 4.26 As funções polinomiais do tipo $f(x) = x$, $f(x) = x^3, \ldots$, $f(x) = x^{(2n+1)}$, onde $n \in N$ são exemplos de funções ímpares.

Observe o gráfico da figura 4.28.

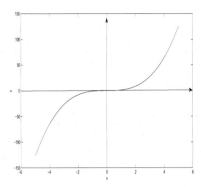

Figura 4.28: Gráfico de uma função ímpar.

Estudaremos outros tipos de funções pares e ímpares nos próximos capítulos, como as funções seno e cosseno, onde retomaremos os conceitos estudados nesta seção. No entanto, existem também funções que não são nem pares e nem ímpares, por exemplo, $f(x) = x^2 - x$ (Verifique!).

4.10 Exercícios

1. Se $f : A \to B$ é dada pela lei $f(x) = x - 1$, $g : B \to C$ é dada por $g(x) = 2x + 1$, $A = \{1, 2, 3\}$, $B = \{0, 1, 2, 3, 4\}$ e $C = \{0, 1, 2, 3, 4, 5, 6, 7, 8, 9\}$, determine os pares ordenados que constituem $g \circ f$.

2. Se f e g são funções de $\mathbb{R}$ em $\mathbb{R}$ dadas pelas leis $f(x) = x^5$ e $g(x) = 3x + 7$, obtenha as leis que definem as compostas: $g \circ f$, $f \circ g$, $g \circ g$ e $f \circ f$.

3. Sejam as funções reais $f(x) = x^2$, $g(x) = 3x + 4$ e $h(x) = 3^{2x}$. Determine $h \circ f \circ g$ e $g \circ f \circ h$.

4. A análise das condições da água de um determinado local indica que o nível médio de substâncias poluentes presentes será $Q(p) = \sqrt{0,6p + 18,4}$ unidades de volume, quando a população for p milhares de habitantes. Estima-se que, daqui a t anos, a população seja de $p(t) = 6 + 0,1t^2$ mil habitantes.

a) Expresse o nível médio de substâncias poluentes em função do tempo t.
b) Qual será o nível médio de substâncias poluentes daqui a 2 anos?
c) Se a tendência se mantiver, em quanto tempo, aproximadamente, o número de substâncias poluentes será 5 unidades de volume?

5. A estimativa da população de uma comunidade é dada por $x(t) = 750 + 25t + 0,1t^2$ milhares de pessoas a partir de 2010, onde t é dado em anos. Estima-se que o nível médio de monóxido de carbono no ar, nesta comunidade, será de $n(x) = 1 + 0,4x$ ppm (partes por milhão), quando a população for x milhares de pessoas. Expresse a função nível de monóxido de carbono no tempo t. Encontre o nível de monóxido de carbono em 2014.

4.11 Funções inversíveis

Em Matemática, nos referimos a uma função g como sendo a inversa de uma f, quando g desfaz o processo realizado pela função f, por exemplo: se $f(2) = 5$, a função g inversa de f, deve calcular $g(5) = 2$. Essa ideia é formalizada na definição a seguir.

Definição 4.9 Dada uma função $f : A \to B$, consideramos a *relação inversa* de f:
$$f^{-1} = \{(y,x) \in B \times A | (x,y) \in f\}.$$

No estudo da função inversa, geralmente surgem dois questionamentos:

- dada uma função f, sempre existirá f^{-1}?

- Se f é uma função, existindo f^{-1}, ela também será uma função?

Geralmente f^{-1} não é uma função, ou porque existe $y \in B$ para o qual não há $x \in A$ com $(y,x) \in f^{-1}$, ou porque para o mesmo $y \in B$ existem $x_1, x_2 \in A$ com $x_1 \neq x_2$, $(y, x_1) \in f^{-1}$ e $(y, x_2) \in f^{-1}$. Estas noções estão relacionadas à definição de função injetora, sobrejetora e bijetora, como veremos a seguir.

Definição 4.10 Dizemos que uma função $f : A \to B$ é *injetora* se, para quaisquer $x_1, x_2 \in A$, temos que
$$f(x_1) = f(x_2) \Rightarrow x_1 = x_2.$$

De forma equivalente, f é uma função injetora se $x_1 \neq x_2 \Rightarrow f(x_1) \neq f(x_2)$.

Definição 4.11 Dizemos que uma função $f : A \to B$ é *sobrejetora* se

$$Im(f) = CD(f).$$

Definição 4.12 Dizemos que uma função $f : A \to B$ é *bijetora* se for injetora e sobrejetora.

A partir dessas noções, podemos relacionar algumas condições que determinam se uma função f é inversível, ou seja, possui uma função inversa.

Proposição 4.13 Uma função $f : A \to B$ é *inversível* se, e somente se, a relação inversa de f também é uma função, isto é, para cada $y \in B$ existe um único $x \in A$ tal que $y = f(x)$.

Proposição 4.14 Uma função $f : A \to B$ é *inversível* se, e somente se, f é bijetora.

Observação 4.4 Podemos observar que:

1. Sendo f^{-1} a função inversa de f, temos as seguintes propriedades:

    (a) $D(f^{-1}) = B = Im(f)$;

    (b) $Im(f^{-1}) = A = D(f)$;

    (c) $(y, x) \in f^{-1} \iff (x, y) \in f$;

    (d) O gráfico de f^{-1} é simétrico ao gráfico de f em relação à reta $y = x$ (bissetriz), conforme é ilustrado na figura 4.29.

2. Além disso, se $(f \circ g)(x) = x, \forall x \in B$ e $(g \circ f)(x) = x, \forall x \in A$, temos que $g = f^{-1}$.

3. Dada a função inversível $f : A \to B$, definida pela sentença $y = f(x)$, para obtermos a lei que define f^{-1} procedemos assim:

    (i) transformamos algebricamente a expressão $y = f(x)$ até expressarmos x em função de y: $x = f^{-1}(y)$.

    (ii) na lei $x = f^{-1}(y)$ permutamos as variáveis (x por y e vice-versa), obtendo a lei $y = f^{-1}(x)$.

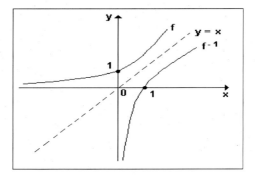

Figura 4.29: Gráfico de duas funções inversas.

Exemplo 4.27 Se $f : \mathbb{R} \to \mathbb{R}$ é dada por $f(x) = 3x + 2$, encontre a inversa de f.

Solução

Queremos obter a inversa de f, então:

$$f(x) = y = 3x + 2 \Rightarrow x = \frac{y-2}{3}.$$

Permutando as variáveis, temos:

$$y = \frac{x-2}{3}.$$

Neste caso, $D(f) = D(f^{-1}) = Im(f) = Im(f^{-1}) = \mathbb{R}$ e portanto, (a) e (b) são cumpridas, sendo assim, f^{-1} é uma função de $\mathbb{R}$ em $\mathbb{R}$ dada por $f^{-1}(x) = \frac{x-2}{3}$.

4.12 Exercícios

1. Examine cada uma das funções abaixo e estabeleça quais são inversíveis. Para estas, defina a inversa.

    (a) $f : \{a, b, c\} \to \{a^{'}, b^{'}, c^{'}\}$ tal que $f = \{(a, a^{'}), (b, b^{'}), (c, c^{'})\}$.

    (b) $g : \{1, 2, 3\} \to \{4, 5, 6, 7\}$ tal que $g(1) = 4$, $g(2) = 6$ e $g(3) = 4$.

(c) $h : \mathbb{R} \to \mathbb{R}$ tal que $h(x) = 1 - 5x$.

(d) $i : \mathbb{R} \to \mathbb{R}$ tal que $i(x) = x^3 - 2$.

(e) $j : \mathbb{R}_- \to \mathbb{R}_+$ tal que $j(x) = x^2$.

(f) $p : \mathbb{R}^* \to \mathbb{R}^*$ tal que $p(x) = \dfrac{1}{x}$.

2. Determine a inversa da função $f : \mathbb{R} \to \mathbb{R}$ assim definida:

$$f(x) = \begin{cases} x, & \text{quando } x \leq 1 \\ \dfrac{x+1}{2}, & \text{quando } 1 < x \leq 3 \\ x^2 - 7, & \text{quando } x > 3 \end{cases}$$

3. Sejam as funções $f : \mathbb{R} \to \mathbb{R}$ tal que $f(x) = 2x - 3$ e $g : \mathbb{R} \to \mathbb{R}$ tal que $g(x) = \sqrt[3]{x-1}$. Determine a função $g^{-1} \circ f^{-1}$.

4.13 Operações com funções

4.13.1 Adição ou Soma

Dadas as funções $f : A \to B$ e $g : A \to B$, chama-se *soma* de f com g, denotado por $f + g$, a função $h : A \to B$ definida pela lei $h(x) = (f+g)(x) = f(x) + g(x)$.

Exemplo 4.28 Sejam as funções $f, g : \mathbb{R} \to \mathbb{R}$, definidas por $f(x) = x^3$ e $g(x) = x^5$. Encontre a soma de f com g.

Solução

Denotando a soma de f com g por h, temos a função $h(x) = x^3 + x^5$.

4.13.2 Subtração ou Diferença

Dadas as funções $f : A \to B$ e $g : A \to B$, chama-se *diferença de f e g*, denotado por $f - g$, a função $h : A \to B$ definida pela lei $h(x) = (f-g)(x) = f(x) - g(x)$.

Exemplo 4.29 Sejam as funções $f, g : \mathbb{R} \to \mathbb{R}$ definidas por $f(x) = 2x + 1$ e $g(x) = x^2$. Encontre a diferença de f com g.

Solução

Denotando a diferença de f com g por h, temos

$$h(x) = (2x+1) - (x^2) = -x^2 + 2x + 1.$$

4.13.3 Multiplicação ou Produto

Dadas as funções $f : A \to B$ e $g : A \to B$, chama-se *produto de f e g*, denotado por $f \cdot g$ a função $h : A \to B$ definida pela lei $h(x) = (f \cdot g)(x) = f(x) \cdot g(x)$.

Exemplo 4.30 Sejam as funções $f, g : \mathbb{R} \to \mathbb{R}$ definidas por $f(x) = x$ e $g(x) = x^2 + 1$. Encontre o produto de f com g.

Solução

Denotando o produto de f com g por h, temos a função

$$h(x) = (x).(x^2 + 1) = x^3 + x.$$

4.13.4 Divisão ou Quociente

Dadas as funções $f : A \to B$ e $g : A \to B$, chama-se *quociente de f por g*, denotado por $\dfrac{f}{g}$, a função $h : \overline{A} \to B$ definida pela lei $h(x) = \left(\dfrac{f}{g}\right)(x) = \dfrac{f(x)}{g(x)}$
para $x \in \overline{A} = \{x \in A | g(x) \neq 0\}$.

Exemplo 4.31 Sejam as funções $f, g : \mathbb{R} \to \mathbb{R} : f(x) = 3x^2$ e $g(x) = x + 2$. Encontre o quociente de f com g.

Solução

Denotando o quociente de f com g por h, temos a função $h(x) = \dfrac{3x^2}{x+2}$
definida em $\mathbb{R} - \{-2\}$.

4.14 Determinação do domínio de uma função real

Definição 4.15 Dada uma função f, podemos dizer que o *domínio de f* é o maior subconjunto D de $\mathbb{R}$ tal que a expressão que define a função tenha sentido. Notação: $D(f)$.

Observação 4.5 Sempre que tivermos apenas a expressão $y = f(x)$ que define a função, fica subentendido que $f : D \to \mathbb{R}$, onde D é o seu domínio. Isto é uma nomenclatura.

Observação 4.6 Quando nos referimos ao conjunto D de números reais no qual a expressão $y = f(x)$ tenha sentido, queremos dizer que são aqueles valores de x que não resultam em inconsistências matemáticas, ou seja, valores nos quais a expressão possa ser calculada. Assim, lembrando de alguns resultados estudados nos capítulos anteriores, podemos citar três casos que podem ocorrer em relação ao domínio de uma função $y = f(x)$:

- se $f(x)$ é um polinômio, qualquer valor de x pode fazer parte do domínio da função, logo $D(f) = \mathbb{R}$;

- se $f(x)$ é um quociente, $f(x) = \dfrac{g(x)}{h(x)}$, os valores de x não podem anular o denominador, logo

$$D(f) = \{x \in \mathbb{R} | h(x) \neq 0\};$$

- se $f(x)$ envolve uma raiz de índice n par, $f(x) = \sqrt[n]{g(x)}$, os valores de x devem ser aqueles que tornam o radicando positivo, logo

$$D(f) = \{x \in \mathbb{R} | g(x) \geq 0\}.$$

Exemplo 4.32 Determine o domínio da função $f(x) = 2x + 3$.

Solução

A expressão da função $f(x)$ é um polinômio, logo esta função está definida para qualquer valor de x. Então $D(f) = \mathbb{R}$.

Exemplo 4.33 Determine o domínio da função $f(x) = \dfrac{1}{x}$.

Solução

A expressão da função $f(x) = \dfrac{1}{x}$ envolve um quociente. Notamos que o denominador se anula quando $x = 0$, assim este é o único valor para o qual a função f não estaria definida (pois não existe divisão por zero!). Assim, $D(f) = \mathbb{R}^*$.

Exemplo 4.34 Determine o domínio da função $f(x) = \dfrac{2x}{x^2 - 5x + 6}$.

Solução

O domínio da função $f(x) = \dfrac{2x}{x^2 - 5x + 6}$ é formado por todos os números reais que não anulam o denominador. Como as raízes da equação $x^2 - 5x + 6 = 0$ são $x = 2$ e $x = 3$, temos que $D(f) = \mathbb{R} - \{2, 3\}$.

Exemplo 4.35 Determine o domínio da função $f(x) = \sqrt{x-1}$.

Solução

O domínio da função $f(x) = \sqrt{x-1}$ é formado por todos os números reais tais que $x - 1 \geq 0$ (pois não existe, em $\mathbb{R}$, raíz com índice par de número negativo!). Desta forma, devemos ter $x + 1 \geq 0$, ou seja, $x \geq 1$, portanto, $D(f) = \{x \in \mathbb{R} | x \geq 1\}$.

Exemplo 4.36 Determine o domínio da função $f(x) = \sqrt[3]{x-1}$.

Solução

O domínio da função $f(x) = \sqrt[3]{x-1}$ é formado por todos os números reais (pois podemos extrair raíz de índice ímpar de qualquer número real!), ou seja, $D(f) = \mathbb{R}$.

Exemplo 4.37 Determine o domínio da função $f(x) = \sqrt{x^2 - 1}$.

Solução

O domínio da função $f(x) = \sqrt{x^2 - 1}$ é formado por todos os números reais x tais que $x^2 - 1 \geq 0$ e resolvendo esta inequação obtemos

$$D(f) = \{x \in \mathbb{R} | x \leq -1 \text{ ou } x \geq 1\} = (-\infty, -1] \cup [1, +\infty).$$

Exemplo 4.38 Determine o domínio da função $f(x) = \dfrac{\sqrt{x^2 - 6x + 5}}{x + 3}$.

Solução

O domínio da função $f(x) = \dfrac{\sqrt{x^2 - 6x + 5}}{x + 3}$ é formado por todos os números reais tais que

$$x^2 - 6x + 5 \geq 0 \text{ e } x + 3 \neq 0.$$

Resolvendo a inequação $x^2 - 6x + 5 \geq 0$, obtemos como conjunto solução

$$S_1 = \{x \in \mathbb{R} | x \leq 1 \text{ ou } x \geq 5\} = (-\infty, 1] \cup [5, +\infty).$$

Mas também devemos ter $x + 3 \neq 0$, de onde obtemos o conjunto

$$S_2 = \{x \in \mathbb{R} | x \neq -3\}.$$

Como no domínio de f as duas condições devem ser cumpridas, temos

$$D(f) = S_1 \cap S_2 = (-\infty, -3) \cup (-3, 1] \cup [5, +\infty).$$

Exemplo 4.39 Determine o domínio da função $f(x) = \dfrac{x + 3}{\sqrt{x^2 - 6x + 5}}$.

Solução

O domínio da função $f(x) = \dfrac{x + 3}{\sqrt{x^2 - 6x + 5}}$ é formado por todos os números reais tais que

$$x^2 - 6x + 5 > 0.$$

Resolvendo esta inequação, obtemos como conjunto solução

$$S = \{x \in \mathbb{R} | x < 1 \text{ ou } x > 5\} = (-\infty, 1) \cup (5, +\infty).$$

4.15 Exercícios

1. Determine o domínio das seguintes funções:
    (a) $f(x) = 5$
    (b) $f(x) = 5x$
    (c) $f(x) = \sqrt{2x^2 + 5}$
    (d) $f(x) = \sqrt[3]{x - 2}$
    (e) $f(x) = \sqrt[4]{16 - x^2}$
    (f) $f(x) = \sqrt{x^2 - 3x - 10}$
    (g) $f(x) = \dfrac{2}{3x - 1}$
    (h) $f(x) = \dfrac{3x + 1}{x^2 - 4x + 3}$
    (i) $f(x) = \dfrac{\sqrt{x + 1}}{\sqrt[3]{2x + 1}}$
    (j) $f(x) = \dfrac{\sqrt{-x^2 + 4}}{\sqrt[4]{-x^2 - 3x + 10}}$

2. Sejam $m \in \mathbb{Z}$, $n \in \mathbb{N}$ e $f(x) = (x^2 - 1)^{\frac{m}{n}}$. Determine o domínio de f, de acordo com as possibilidades para m e n.

3. Sejam $m, n \in \mathbb{N}$ e
$$f(x) = \dfrac{\sqrt[m]{x - 5}}{\sqrt[n]{x^2 - 4}}.$$
Determine o domínio de f, de acordo com as possibilidades para m e n.

4. Sejam $f(x) = 2x + 1$ e $g(x) = \sqrt{x}$. Determine o domínio de $f \circ g$ e $g \circ f$.

5. A função de Heaviside[2], dada por

$$H(t) = \begin{cases} 0, & \text{se } t < 0 \\ 1, & \text{se } t \geq 0 \end{cases},$$

é utilizada para descrever a aplicação instantânea de tensão em um circuito quando uma chave é ligada. Desenhe o gráfico da função de Heaviside, determine seu domínio e imagem.

---

[2]Oliver Heaviside (1850 - 1925) Cientista inglês. Autodidata, estudou eletricidade e línguas. Aos dezoito anos, tornou-se telegrafista. Após ler o *Treatise on Electricity and Magnetism* de Maxwell desenvolveu técnicas matemáticas para simplificar as vinte equações (diferenciais) fundamentais da eletricidade para apenas quatro. No artigo intitulado *Electromagnetic induction and its propagation* publicado em 1887, descreveu as condições necessárias para a transmissão, sem distorções, de sinais telegráficos a grandes distâncias.

5 Função Constante e de Primeiro Grau

5.1 Função polinomial

As funções polinomiais têm várias aplicações, por exemplo: na física, o movimento retilíneo uniforme; na biologia, a taxa de crescimento de populações; na química, a taxa de concentração de um produto numa reação química; entre tantas outras.

Definição 5.1 Dados $(a_0, a_1, a_2, \ldots, a_n)$ números reais, chama-se *função polinomial* associada a esta sequência a função $f : \mathbb{R} \to \mathbb{R}$ dada por:

$$f(x) = a_0 + a_1 x + a_2 x^2 + \ldots + a_n x^n.$$

Os números reais a_0, a_1, a_2, $\ldots$, a_n são chamados *coeficientes* e as parcelas a_0, $a_1 x$, $a_2 x^2$, $\ldots$, $a_n x^n$ são denominadas *termos* da função polinomial f.

Uma função polinomial que tem todos os coeficientes nulos é chamada de *função nula*.

Chama-se de *grau* de uma função polinomial f, não nula, o número natural p tal que $a_p \neq 0$ e $a_i = 0$ para todo $i > p$ (que corresponde a dizer que p é o maior expoente presente na expressão do polinômio).

Exemplo 5.1 Determine o grau das funções polinomiais abaixo:

(a) $f(x) = 2 + x + 3x^2 + 5x^3$;

(b) $g(x) = 4 + 7x^2$;

(c) $h(x) = 3 + 2x$;

(d) $i(x) = 6$.

Solução

Devemos observar qual é o valor do número natural p, em cada caso. Assim

(a) f tem grau 3;

(b) g tem grau 2;

(c) h tem grau 1;

(d) i tem grau 0.

Estudaremos aqui as funções polinomiais de grau zero, de grau um e suas aplicações em diferentes áreas do conhecimento.

5.1.1 Função polinomial de grau 0 ou função constante

Uma função polinomial do tipo $f(x) = k$, isto é, uma função em que $a_0 = k$ e $a_1 = a_2 = \ldots = a_n = 0$ é chamada *função constante*.

O gráfico de uma função constante é uma reta paralela ao eixo x, que passa pelo ponto $(0, k)$, chamado *intercepto de f no eixo y*, como pode ser visto na figura 5.1.

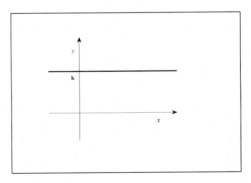

Figura 5.1: Gráfico da função constante.

O domínio é o conjunto dos números reais, ou seja, $D(f) = \mathbb{R}$. A imagem é o conjunto formado por um único elemento, isto é, $Im(f) = \{k\}$.

Exemplo 5.2 Represente graficamente as funções a seguir, determinando seu domínio e imagem:
(a) $f(x) = -5$; (b) $g(x) = \sqrt{2}$.

Solução

Como as duas funções são constantes, temos que $D(f) = D(g) = \mathbb{R}$ e o conjunto imagem de cada uma é formado por apenas um ponto: $Im(f) = \{-5\}$ e $Im(g) = \{\sqrt{2}\}$. Seus gráficos são apresentados na figura a seguir.

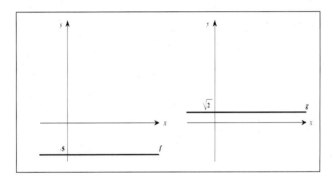

Figura 5.2: Gráfico das funções do exemplo 5.2.

5.1.2 Função polinomial de grau 1 ou função afim

Uma função polinomial em que $a_0 = b$, $a_1 = a \neq 0$ e $a_2 = a_3 = \ldots = a_n = 0$ é chamada *função afim* ou *função de primeiro grau*. Portanto, função afim é uma função polinomial do tipo

$$f(x) = ax + b,$$

onde a é chamado de *coeficiente angular* e b é chamado de *coeficiente linear*.

A função afim é definida para todo x, ou seja, o domínio da função é $D(f) = \mathbb{R}$. O conjunto imagem também é formado por todos os números reais, isto é, $Im(f) = \mathbb{R}$.

O gráfico de uma função afim é uma reta que passa pelo ponto $(0, b)$, onde b é chamado de intercepto vertical (e corresponde ao coeficiente linear da função e onde a reta intercepta o eixo y) e pelo ponto $\left(-\dfrac{b}{a}, 0\right)$, onde $-\dfrac{b}{a}$ é o valor onde a reta intercepta o eixo x (intercepto horizontal), chamado *zero* ou *raiz*. Observe que a raiz da função é obtida igualando-se a expressão da função a zero (significando que $y = 0$):

$$ax + b = 0 \Rightarrow x = -\frac{b}{a}.$$

Observação 5.1 Se $b = 0$, a função f é dita *linear* e seu gráfico intercepta a origem do sistema, o ponto $(0,0)$.

Observação 5.2 O coeficiente angular ou inclinação de uma reta não vertical pode ser determinado, se conhecermos dois de seus pontos $P(x_1, y_1)$ e $Q(x_2, y_2)$, a partir da expressão

$$a = \frac{y_2 - y_1}{x_2 - x_1}.$$

Observação 5.3 Não é difícil mostrar que se $a > 0$, a função afim é crescente e, se $a < 0$, ela é decrescente.

Na figura 5.3, apresentamos o gráfico de uma função afim crescente e de uma decrescente, respectivamente.

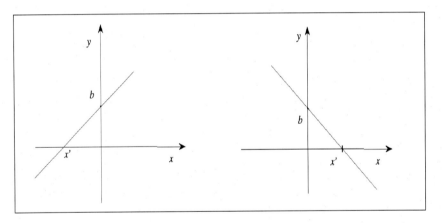

Figura 5.3: Gráfico da função afim para $a > 0$ e $a < 0$, respectivamente.

Exemplo 5.3 (**Uma aplicação na biologia**) A massa do coração de um mamífero é proporcional à massa de seu corpo. Assim:

$$H = kB,$$

onde H é a massa do coração, k é a constante de proporcionalidade e B é a massa do corpo. Use $k = 0,005$, para calcular:

(a) a massa do coração de uma vaca com massa de corpo de 950 kg;

(b) a massa do corpo de um humano que tem massa do coração de 0,4 kg.

Solução

Substituindo k na fórmula, temos: $H = 0,005B$.

(a) Temos $B = 950$ kg e queremos encontrar H. Substituindo na fórmula,
$$H = 0,005 \times 950 \Rightarrow H = 4,75 kg.$$

(b) Temos $H = 0,4$ kg e queremos encontrar B. Substituindo na fórmula,
$$0,4 = 0,005 \times B \Rightarrow B = \frac{0,4}{0,005} \Rightarrow B = 80 kg.$$

5.2 Exercícios

1. Encontre os zeros das funções:

    (a) $f(x) = -\dfrac{x}{2} + 5$ (b) $f(x) = 2x - \dfrac{3}{2}$

    (c) $g(x) = 2$ (d) $g(x) = -\dfrac{3x}{2} + \dfrac{5}{3}$

2. Construa os gráficos das seguintes funções definidas em $\mathbb{R}$:

    (a) $f(x) = -1$
    (b) $f(x) = x + 4$
    (c) $f(x) = -x - 4$
    (d) $f(x) = -2x + 1$

3. Construa os gráficos das seguintes funções definidas em $\mathbb{R}$:

    (a) $f_1(x) = \begin{cases} 1, & \text{se } x \leq 0 \\ 2, & \text{se } x > 0 \end{cases}$

    (b) $f_2(x) = \begin{cases} -1, & \text{se } x \leq 1 \\ x, & \text{se } x > 1 \end{cases}$

(c) $f_3(x) = \begin{cases} x, & \text{se } x \neq 0 \\ 1, & \text{se } x = 0 \end{cases}$

(d) $f_4(x) = \begin{cases} -x, & \text{se } x < -1 \\ 0, & \text{se } -1 \leq x \leq 1 \\ x, & \text{se } x > 1 \end{cases}$

4. A fórmula usada para converter temperatura em Fahrenheit[1] (F) para Celsius[2] (C) define uma função linear que pode ser escrita na forma $C = \frac{5}{9}(F - 160)$. Obtenha o zero da função:

5. Dada a função

$$f(x) = \begin{cases} 1, & \text{se } x \geq 0 \\ -\dfrac{x}{2} + 1, & \text{se } x < 0 \end{cases}.$$

Calcule $f(-2)$, $f(-1)$ e $f(0)$.

6. Determine o domínio e a imagem da função $f(x) = -1$.

5.3 Inequações do primeiro grau

Uma sentença matemática que envolve incógnitas e desigualdades é chamada de inequação. Neste curso, estudaremos inequações do primeiro e do segundo grau com uma variável.

Definição 5.2 Uma *inequação do primeiro grau* na variável x pode ser escrita em uma das seguintes formas:

$$ax + b < 0,$$
$$ax + b \leq 0,$$
$$ax + b > 0$$
$$\text{ou}$$
$$ax + b \geq 0$$

---

[1] Daniel Gabriel Fahrenheit (1686 - 1736) foi um físico alemão. Fahrenheit interessou-se por ciências naturais o que causou nele gosto pelos estudos e experimentações nesse campo. Deu forma definitiva ao termômetro de álcool e depois ao de mercúrio. Neste último, concebeu a graduação que conservou seu nome. A escala de casas Fahrenheit ainda é utilizada nos países anglo-saxões. Após examinar todos os termômetros, barômetros e higrômetros a que teve acesso, decidiu aperfeiçoar as técnicas de fabricação desses instrumentos, com o objetivo de obter leituras mais precisas. Suas pesquisas sobre as possíveis causas dos resultados divergentes apresentados pelos aparelhos conduziram-no a muitas descobertas importantes.

[2] Anders Celsius (1701 - 1744), astrônomo sueco. Criou a escala termométrica (escala Celsius) na qual a água congela a $0°C$ e ferve a $100°C$.

Resolver uma inequação em x significa encontrar todos os valores de x para os quais a inequação é verdadeira. Uma solução de uma inequação em x é um valor que satisfaz isso.

O conjunto de todas as soluções de uma inequação é o que chamamos de *conjunto solução*, que aqui denotaremos por S. Resolvemos uma inequação encontrando seu conjunto solução.

Exemplo 5.4 Resolva $3(x-1) + 2 \leq 5x + 6$.

Solução

Nosso objetivo é escrever a inequação na forma $ax + b \leq 0$, ou equivalentemente, na forma $ax \leq -b$. Para isso, usaremos propriedades das operações com números reais e das desigualdades.

Aplicando a propriedade distributiva, obtemos

$$3x - 3 + 2 \leq 5x + 6,$$

que resulta em

$$3x - 1 \leq 5x + 6.$$

Adicionando 1 em cada lado da desigualdade, segue-se que

$$3x \leq 5x + 7.$$

Agora adicionando $-5x$ em cada lado da desigualdade, obtemos

$$-2x \leq 7$$

e para chegarmos nos valores de x que satisfazem a inequação basta multiplicá-la por $-\dfrac{1}{2}$. Pelas propriedades de desigualdade, ao multiplicarmos por um número negativo, a desigualdade se inverte. Assim multiplicando por $-\dfrac{1}{2}$ teremos

$$\left(-\dfrac{1}{2}\right)(-2x) \geq \left(-\dfrac{1}{2}\right)7,$$

que resulta então em

$$x \geq -\frac{7}{2}.$$

Portanto o conjunto solução da desigualdade é o conjunto de todos os números reais maiores ou iguais a $-\frac{7}{2}$, que podemos representar de três maneiras: por compreensão

$$S = \left\{ x \in \mathbb{R} | x \geq -\frac{7}{2} \right\},$$

na notação de intervalo

$$S = \left[-\frac{7}{2}, +\infty \right),$$

ou pela representação gráfica na reta real, como é mostrado na figura 5.4.

Figura 5.4: Conjunto solução da inequação do exemplo 5.4.

Exemplo 5.5 Resolva a inequação $\dfrac{x}{3} + \dfrac{1}{2} > \dfrac{x}{4} + \dfrac{1}{3}$.

Solução

O mínimo múltiplo comum dos denominadores das frações é 12. Assim tomaremos a inequação

$$\frac{x}{3} + \frac{1}{2} > \frac{x}{4} + \frac{1}{3}$$

e multiplicaremos pelo mínimo múltiplo comum 12. Esta multiplicação é equivalente a calcularmos a soma das frações. Como estamos multiplicando por um número positivo a desigualdade não se inverte

$$12 \left(\frac{x}{3} + \frac{1}{2} \right) > 12 \left(\frac{x}{4} + \frac{1}{3} \right).$$

Obtemos assim

$$4x + 6 > 3x + 4,$$

onde adicionaremos $-3x$ e depois -6 em ambos os lados da desigualdade para obtermos a solução

$$x > -2.$$

O conjunto solução é $S = (-2, +\infty)$, intervalo cuja representação gráfica é mostrada na figura 5.5. Podemos, ainda, escrever esse conjunto por compreensão $S = \{x \in \mathbb{R} | x > -2\}$.

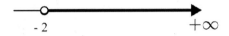

Figura 5.5: Conjunto solução da inequação do exemplo 5.5.

Às vezes duas inequações são combinadas em uma inequação dupla, que podem ser resolvidas simultaneamente ou separando-se as duas inequações envolvidas. Os exemplos a seguir ilustram esses casos.

Exemplo 5.6 Resolva a inequação $-3 < \dfrac{2x+5}{3} \leq 5$.

Solução

Para resolvermos simultaneamente as duas inequações

$$-3 < \frac{2x+5}{3} \quad \text{e} \quad \frac{2x+5}{3} \leq 5,$$

as operações devem ser realizadas em todos os membros da inequação, com o objetivo de que entre as duas desigualdades fiquemos apenas com a variável x. Assim para resolvermos

$$-3 < \frac{2x+5}{3} \leq 5,$$

inicialmente multiplicaremos a inequação por 3, obtendo

$$-9 < 2x + 5 \leq 15.$$

Adicionando -5 em todos os membros da inequação, ficamos com

$$-14 < 2x \leq 10,$$

de onde obteremos a solução depois que multiplicarmos toda inequação por $\frac{1}{2}$, ou equivalentemente, dividirmos toda inequação por 2

$$-7 < x \leq 5.$$

Assim a solução é o conjunto de todos os números reais maiores que -7 e menores ou iguais a 5, que representamos por $S = (-7, 5]$ ou $S = \{x \in \mathbb{R} | -7 < x \leq 5\}$. Sua representação gráfica é mostrada na figura (5.6).

Figura 5.6: Conjunto solução da inequação do exemplo 5.6.

Exemplo 5.7 Resolva a inequação $2 \leq 4x + 1 < 2x + 5$.

Solução

Neste caso, a solução simultânea das duas inequações não é aconselhável, pois o membro direito da inequação envolve termos também na variável x e assim as operações não podem ser aplicadas simultaneamente a todos os membros. Calcularemos então separadamente a solução de cada inequação, tomando como solução geral da inequação dupla a interseção dos conjuntos, pois desejamos valores de x que satisfaçam as duas inequações.

Assim resolvemos

$$2 \leq 4x + 1$$
$$-4x \leq 1 - 2$$
$$-4x \leq -1$$
$$x \geq \frac{1}{4}$$

e

$$4x + 1 < 2x + 5$$
$$4x - 2x < 5 - 1$$
$$2x < 4$$
$$x < \frac{4}{2}$$
$$x < 2$$

Devemos procurar agora a interseção das duas soluções, que é apresentada na figura 5.7.

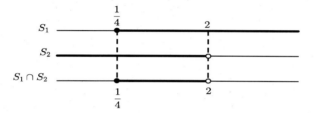

Figura 5.7: Conjunto solução da inequação do exemplo 5.7.

Portanto, $S = \left[\frac{1}{4}, \ 2\right) = \left\{x \in \mathbb{R} | \frac{1}{4} \leq x < 2\right\}$.

Nos próximos exemplos abordaremos inequações que envolvem produtos e quocientes, cujos fatores são expressões lineares da forma $ax + b$, cuja representação gráfica é uma reta, conforme estudamos no capítulo anterior. O procedimento que utilizaremos para resolver inequações produto ou quociente, consiste em

i) considerar cada fator da inequação como uma função afim $y = ax + b$;

ii) encontrar a *raiz*, o valor de x onde a função se anula: $ax + b = 0 \Rightarrow x = -\frac{b}{a}$, que é o valor onde a reta intercepta o eixo x;

iii) verificar se a representação gráfica é uma reta crescente ($a > 0$) ou decrescente (a<0);

iv) fazer o estudo do sinal verificando os intervalos onde a função assume valores positivos e onde assume valores negativos;

v) montar um quadro-produto, colocando os valores das raízes de cada função e o sinal dela em cada intervalo, para estudar o sinal do produto ou do quociente das duas funções e chegar à solução da inequação.

Exemplo 5.8 Resolva a inequação-produto $(4 - x)(2x - 3) > 0$.

Solução

Vamos considerar $y_1 = 4 - x$ e $y_2 = 2x - 3$.

Na função y_1, temos $a = -1 < 0$, assim a reta é decrescente e a raiz, calculada por $4 - x = 0$ é $x = 4$, ou seja, a reta intercepta o eixo x em 4.

Marcando no eixo x a raiz $x = 4$ e representando uma reta decrescente, realizamos o estudo do sinal de y_1, conforme é mostrado na figura 5.8.

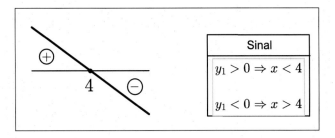

Figura 5.8: Estudo do sinal de y_1 do exemplo 5.8.

Estudando agora a função $y_2 = 2x - 3$ vemos que ela representa uma reta crescente, pois $a = 2 > 0$.

Calculamos a raiz dessa função tomando $y_2 = 0$, assim obtemos

$$2x - 3 = 0 \Rightarrow x = \frac{3}{2},$$

ou seja, a reta intercepta o eixo x em $\frac{3}{2}$. Esse valor é marcado no eixo x e realizamos agora o estudo do sinal, apresentado na figura 5.9.

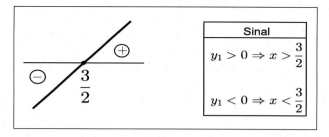

Figura 5.9: Estudo do sinal de y_2 do exemplo 5.8.

No quadro produto marcamos as raízes de y_1, de y_2 e o sinal de cada uma dessas funções nos intervalos determinados por essas raízes. A partir dessa representação estudamos agora o sinal do produto $y_1.y_2$, que consiste em combinar o sinal de y_1 com y_2 em cada intervalo formado, conforme é apresentado no quadro-produto da figura 5.10.

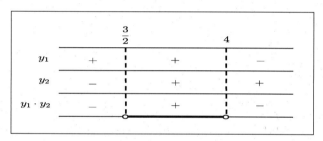

Figura 5.10: Estudo do sinal de $y_1 \cdot y_2$ do exemplo 5.8.

A partir do quadro-produto podemos determinar a solução da inequação

$$(4-x)(2x-3) > 0,$$

pois basta responder a pergunta: **para que valores de** x **temos** $y_1.y_2$ **positivo?**

Como o produto $y_1.y_2$ obteve sinal positivo somente no intervalo $\frac{3}{2} < x < 4$, a solução é então

$$S = \left\{ x \in \mathbb{R} \mid \frac{3}{2} < x < 4 \right\} \quad \text{ou} \quad S = \left(\frac{3}{2}, 4 \right).$$

Exemplo 5.9 Resolva a inequação-quociente $\dfrac{5x-3}{4-5x} \leq 0$.

Solução

Estudo do sinal de $y_1 = 5x - 3$: temos $a = 5 > 0$, assim y_1 representa uma reta crescente e a raiz é $x = \dfrac{3}{5}$, ou seja, a reta intercepta o eixo x em $\dfrac{3}{5}$.
O estudo do sinal de y_1 é apresentado na figura 5.11.

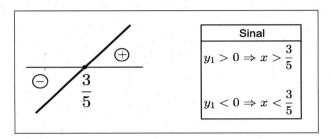

Figura 5.11: Estudo do sinal de y_1 do exemplo 5.9.

Estudo do sinal de $y_2 = 4 - 5x$: temos $a = -5 < 0$, assim a reta é decrescente e a raiz é $x = \dfrac{4}{5}$.
O estudo do sinal de y_2 é apresentado na figura 5.12.

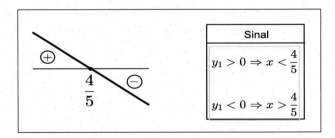

Figura 5.12: Estudo do sinal de y_2 do exemplo 5.9.

O estudo do sinal do quociente $\dfrac{y_1}{y_2}$ é apresentado na figura 5.13.

A inequação pergunta: **para que valores de** x **temos** $\dfrac{y_1}{y_2} \leq 0$? Pelo quadro-quociente observamos que $\dfrac{y_1}{y_2}$ fica negativo ou igual a zero nos intervalos

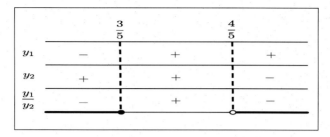

Figura 5.13: Estudo do sinal de $\frac{y_1}{y_2}$ do exemplo 5.9.

$x \leq \frac{3}{5}$ ou $x > \frac{4}{5}$. Assim a solução da inequação é

$$S = \left\{ x \in \mathbb{R} \mid x \leq \frac{3}{5} \text{ ou } x > \frac{4}{5} \right\}.$$

Em notação de intervalo, o conjunto solução é $S = (-\infty, \frac{3}{5}] \cup (\frac{4}{5}, +\infty)$.

Podemos notar que $\frac{y_1}{y_2} = 0$ ocorre para $y_1 = 0$ e $y_2 \neq 0$. Por esse motivo, na solução incluímos **apenas** a raiz de y_1.

Exemplo 5.10 Resolva a inequação $\frac{x+3}{1-x} \leq 3$.

Solução

Se multiplicarmos ambos os membros por $1 - x$ (que pode ser positivo ou negativo, dependendo do valor de x), não saberemos se o sinal da desigualdade deverá ser mantido ou invertido. Por isso, utilizaremos o seguinte procedimento:

$$\frac{x+3}{1-x} \leq 3 \;\Rightarrow\; \frac{x+3}{1-x} - 3 \leq 0$$
$$\Rightarrow\; \frac{(x+3) - 3(1-x)}{1-x} \leq 0$$
$$\Rightarrow\; \frac{4x}{1-x} \leq 0.$$

Assim resolver a inequação $\frac{x+3}{1-x} \leq 3$ é equivalente a encontrar os valores de x onde $\frac{4x}{1-x}$ é negativo ou igual a zero.

Utilizaremos agora a mesma técnica do exemplo 5.9.

Estudo do sinal de $y_1 = 4x$: nesse caso $a = 4 > 0$, logo temos uma reta crescente e a raiz é $x = 0$, ou seja, a reta passa na origem.

O estudo do sinal é apresentado na figura 5.14.

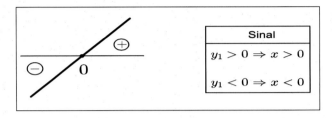

Figura 5.14: Estudo do sinal de $y_1 = 4x$ do exemplo 5.10.

Estudo do sinal de $y_2 = 1 - x$: como $a = -1 < 0$ a reta é decrescente e a raiz é $x = 1$.

Apresentamos na figura 5.15 o estudo do sinal de y_2.

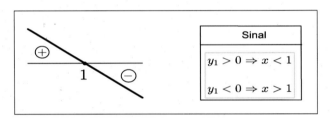

Figura 5.15: Estudo do sinal de $y_2 = 1 - x$ do exemplo 5.10.

Realizamos agora o estudo do sinal do quociente $\dfrac{y_1}{y_2}$, conforme apresentado na figura 5.16.

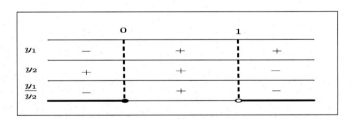

Figura 5.16: Estudo do sinal de $\dfrac{y_1}{y_2}$ do exemplo 5.10.

Como a inequação pergunta: **para que valores de** x **temos** $\dfrac{y_1}{y_2} \leq 0$, procuramos no quadro-quociente os intervalos onde o quociente ficou negativo ou igual a zero.

Há dois intervalos onde o quociente é negativo: $x \leq 0$ ou $x > 1$, assim a solução será a união deles. Escrevemos então a solução

$$S = \{x \in \mathbb{R} | x \leq 0 \text{ ou } x > 1\} = (-\infty, 0] \cup (1, +\infty).$$

Exemplo 5.11 Determine o domínio da função definida por

$$f(x) = \sqrt{\dfrac{2x+1}{3x-1}}.$$

Solução

A função está definida por uma raiz quadrada, assim o radicando não pode resultar num número negativo. Portanto ao domínio da função devem pertencer somente os valores de x que tornam o radicando positivo, isto é, os valores de x tais que

$$\dfrac{2x+1}{3x-1} \geq 0.$$

Novamente neste caso, aplicamos os procedimentos para resolver uma inequação-quociente.

Estudo do sinal de $y_1 = 2x + 1$: temos $a = 2 > 0$, assim y_1 representa uma reta crescente e a reta intercepta o eixo x em $x = -\dfrac{1}{2}$.

O estudo do sinal é então apresentado na figura 5.17.

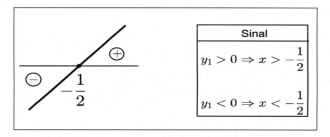

Figura 5.17: Estudo do sinal de y_1 do exemplo 5.11.

Estudo do sinal de $y_2 = 3x - 1$: $a = 3 > 0$, assim temos o gráfico de uma reta crescente e a raiz é $x = \dfrac{1}{3}$.
Na figura 5.18 apresentamos o estudo do sinal de y_2.

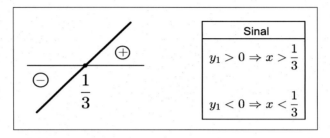

Figura 5.18: Estudo do sinal de y_2 do exemplo 5.11.

Realizamos agora o estudo do sinal do quociente $\dfrac{y_1}{y_2}$, conforme é apresentado na figura 5.19.

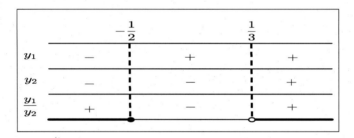

Figura 5.19: Estudo do sinal do quociente $\dfrac{y_1}{y_2}$ do exemplo 5.11.

Como buscamos os valores de x em que

$$\frac{2x+1}{3x-1} \geq 0,$$

que são os valores onde o quociente é positivo e que não zerem o denominador, observamos no quadro-quociente que isto ocorre no intervalo $x \leq -\dfrac{1}{2}$ ou $x > \dfrac{1}{3}$.
Assim, o domínio da função é:

$$D = \left\{ x \in \mathbb{R} \mid x \leq -\frac{1}{2} \text{ ou } x > \frac{1}{3} \right\}.$$

Em notação de intervalo, o conjunto solução é $D = \left(-\infty, -\dfrac{1}{2}\right] \cup \left(\dfrac{1}{3}, +\infty\right)$.

5.4 Exercícios

1. Resolva as inequações abaixo e apresente a solução em notação de intervalos:

   (a) $2x + 5 < 3x - 7$

   (b) $3 \leq \dfrac{2x-3}{5} < 7$

   (c) $x(2x+3) \geq 5$

   (d) $-5 \leq 3x + 4 < 7$

   (e) $0 < 3x + 1 \leq 4x - 6$

   (f) $-6 < 3x + 3 \leq 3$

   (g) $1 < x - 2 < 6 - x$

   (h) $x - 7 \geq -5$ ou $x - 7 \leq -6$

   (i) $x < 6x - 10$ ou $x \geq 2x + 5$

   (j) $2x - 1 > 1$ ou $x + 3 < 4$

   (k) $1 \leq -2x + 1 < 3$

   (l) $x + 3 < 6x + 10$

   (m) $2 < 5x + 3 \leq 8x - 12$

   (n) $3x - 2 < 8$

   (o) $\dfrac{1}{5}x + 6 \geq 14$

   (p) $4 + 5x \leq 3x - 7$

   (q) $2x - 1 > 11x + 9$

   (r) $3 \leq 4 - 2x < 7$

   (s) $-2 \geq 3 - 8x \geq -11$

   (t) $\dfrac{x}{x-3} < 4$

   (u) $\dfrac{x}{8-x} \geq -2$

   (v) $\dfrac{3x+1}{x-2} < 1$

(w) $\dfrac{\frac{1}{2}x - 3}{4 + x} > 1$

(x) $\dfrac{4}{2 - x} \leq 1$

(y) $\dfrac{3}{x - 5} \leq 2$

2. Dadas as funções $f(x) = \dfrac{2x - 1}{x - 2}$ e $g(x) = 1$, determine os valores reais de x para que se tenha $f(x) > g(x)$.

6 Função do Segundo Grau

Seguindo nosso estudo sobre as funções polinomiais, apresentamos neste capítulo as de grau dois, que também são chamadas de funções polinomiais de segundo grau ou quadráticas, descrevendo suas características, a representação gráfica e um estudo sobre inequações de segundo grau.

6.1 Função polinomial do segundo grau ou função quadrática

Uma função polinomial que tem $a_0 = c$, $a_1 = b$, $a_2 = a \neq 0$ e $a_3 = a_4 = \ldots = a_n = 0$ é chamada *função quadrática*. Portanto, função quadrática é uma função polinomial do tipo

$$f(x) = ax^2 + bx + c.$$

O gráfico de uma função quadrática é uma parábola que tem eixo de simetria na reta
$$x = -\frac{b}{2a}$$
e vértice no ponto
$$V\left(-\frac{b}{2a}, -\frac{\Delta}{4a}\right),$$
onde $\Delta = b^2 - 4ac$ é chamado *discriminante*.

Se $a > 0$ a parábola tem concavidade voltada para cima e, se $a < 0$, para baixo.

A figura 6.1 apresenta os seis tipos de gráficos que podem ser obtidos para funções quadráticas.

As interseções da parábola com o eixo x são chamadas de *zeros da função* ou *raízes*. Dependendo do valor de Δ, temos três casos:

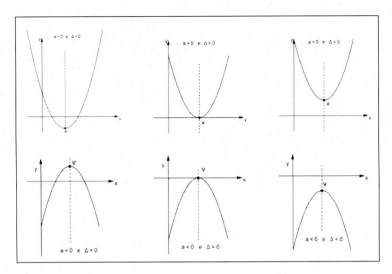

Figura 6.1: Gráficos da função quadrática $f(x) = ax^2 + bx + c$ para diferentes valores de a e Δ.

- $\Delta > 0 \Rightarrow$ a equação admite duas raízes reais e distintas.
- $\Delta < 0 \Rightarrow$ a equação não admite nenhuma raiz real.
- $\Delta = 0 \Rightarrow$ a equação admite duas raízes reais e iguais.

Para calcular os interceptos com o eixo x, utilizamos a fórmula de Bháskara[1]:

$$x = \frac{-b \pm \sqrt{b^2 - 4ac}}{2a}.$$

A dedução desta fórmula pode ser vista no apêndice A.

Exemplo 6.1 Vejamos o caso da função $A(r) = \pi r^2$. A função A, como sabemos, associa a cada número real $r > 0$ a área de um círculo de raio r. A constante π é a constante de proporcionalidade e indica que a área A é diretamente proporcional ao quadrado do raio r. Represente o gráfico da função A e comente sobre as características que podemos observar.

---

[1]Bháskara (1114 - 1185) Matemático e astrônomo indiano, seus livros mais famosos são o Lilavati, um livro bem elementar e dedicado a problemas simples de Aritmética, Geometria Plana (medidas e trigonometria elementar) e Combinatória e o Bijaganita onde está sua famosa fórmula para resolução de equações quadráticas.

Solução

Como π é uma constante positiva, o gráfico da função A é uma parábola, com a concavidade voltada para cima e vértice em $(0,0)$, apresentado na figura 6.2.

A função representa a área de um círculo e r representa o raio, por isso consideramos apenas os valores de r positivos. Assim, apesar de, matematicamente, o domínio da função ser todos os números reais, no contexto do problema, o domínio é o conjunto de valores formado por $r \geq 0$ e a imagem é o conjunto de valores formado por $A \geq 0$.

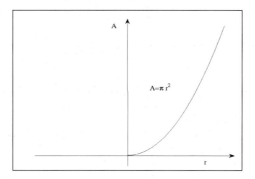

Figura 6.2: Gráfico da função área de um círculo do exemplo 6.1.

6.2 Exercícios

1. Construa os gráficos das seguintes funções definidas em $\mathbb{R}$:

    (a) $f(x) = x^2$
    (b) $f(x) = -x^2$
    (c) $f(x) = x^2 + 1$
    (d) $f(x) = x^2 - 1$
    (e) $f(x) = (x-1)^2$
    (f) $f(x) = (x-2)^2 + 2$
    (g) $f(x) = x^2 - 5x + 6$
    (h) $f(x) = -x^2 - 2x$

2. Construa os gráficos das seguintes funções definidas em $\mathbb{R}$:

(a) $f_1(x) = \begin{cases} x+1, & \text{se } x < 0 \\ (x-1)^2, & \text{se } x \geq 0 \end{cases}$

(b) $f_2(x) = \begin{cases} x^2 + 2x + 1, & \text{se } x \leq 0 \\ x^2 + 1, & \text{se } x > 0 \end{cases}$

3. Das leis da dinâmica, sabemos que a energia cinética K associada a um corpo de massa m que se desloca com velocidade v é dada por

$$K = \frac{1}{2}mv^2.$$

Se a massa é medida em quilogramas (kg) e a velocidade em metros por segundo (m/s), então a energia cinética é medida em joules[2] (J). Supondo que um móvel tenha massa $m = 2kg$,
a) qual é a energia cinética associada a este móvel quando a velocidade for de $10m/s$?
b) qual é a velocidade deste móvel quando a energia cinética for de 81 joules?

6.3 Inequações do Segundo Grau

Se $a \neq 0$, as inequações $ax^2 + bx + c > 0$,

$$ax^2 + bx + c < 0,$$
$$ax^2 + bx + c \geq 0,$$
$$ax^2 + bx + c \leq 0,$$

são denominadas *inequações do $2^{\underline{o}}$ grau*.

Exemplo 6.2 Resolver a inequação $ax^2 + bx + c > 0$.

Solução

---

[2] James Joule (1818 - 1889), físico inglês. Descobriu que a potência (calor) dissipada por um resistor é dada por $P = i^2 R$. Essa equação é conhecida como lei de Joule. Em 1840, demonstrou o denominado equivalente mecânico do calor, medindo a variação da temperatura (energia térmica) de uma certa quantidade de água produzida pela agitação de uma roda com pás acionada pela queda de um peso (energia mecânica). 1 cal = 4,15 J.

Para resolver esta questão é necessário responder à pergunta: "existe x real tal que $f(x) = ax^2 + bx + c$ seja positiva?"

A resposta a essa pergunta se encontra no estudo do sinal de $f(x)$, que pode, inclusive, ser feito através do gráfico da função, que é uma parábola. Assim, no nosso exemplo, dependendo de a e de Δ, podemos ter uma das seis respostas apresentadas nas figuras 6.3 e 6.4.

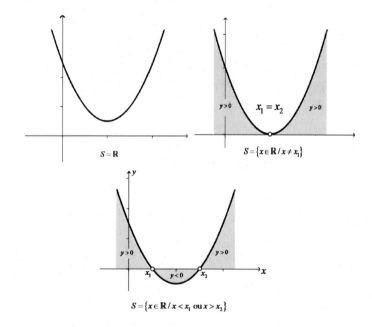

Figura 6.3: Soluções da inequação $ax^2 + bx + c > 0$, com $a > 0$.

Observamos na figura 6.3 os seguintes casos:

i) a função é sempre positiva, para qualquer valor de x, portanto $S = \mathbb{R}$;

ii) a função é zero somente em $x = x_1$; para os demais valores de x ela é sempre positiva, portanto $S = \{x \in \mathbb{R} / x \neq x_1\}$;

iii) a função é positiva para valores de x que são menores que x_1 ou maiores que x_2, portanto $S = \{x \in \mathbb{R} / x < x_1 \text{ ou } x > x_2\}$.

Na figura 6.4 temos os demais casos possíveis para a solução da inequação $ax^2 + bx + c > 0$, com $a < 0$:

i) a função é sempre negativa, para qualquer valor de x, portanto $S = \emptyset$;

ii) novamente a função não possui nenhum valor positivo, portanto $S = \emptyset$;

iii) a função é positiva somente para valores de x que estão entre x_1 e x_2, portanto $S = \{x \in \mathbb{R} / x_1 < x < x_2\}$.

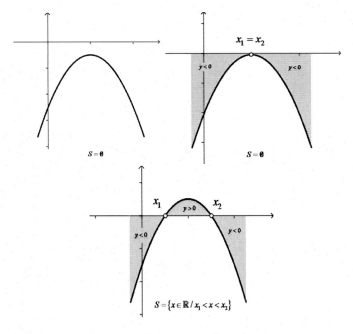

Figura 6.4: Soluções da inequação $ax^2 + bx + c > 0$, com $a < 0$.

6.3.1 Estudo do sinal

Como nas inequações de segundo grau a expressão envolvida é de um polinômio de segundo grau, a resolução pode ser realizada pelo estudo do gráfico da função quadrática $y = f(x) = ax^2 + bx + c$, que é a parábola. Assim realizamos o estudo do sinal dessa função, determinando os valores de x para os quais y é negativo e os valores de x para os quais y é positivo.

Confome o sinal do discriminante $\Delta = b^2 - 4ac$, podem ocorrer os seguintes casos:

- $\Delta > 0$

Nesse caso a função quadrática admite dois zeros reais distintos ($x_1 \neq x_2$).
A parábola intercepta o eixo x em dois pontos e o sinal da função é o indicado nos gráficos da figura 6.5.

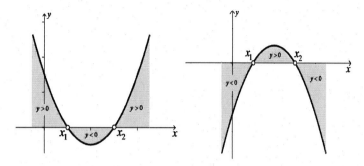

Figura 6.5: Sinal da função quadrática $y = f(x) = ax^2 + bx + c$ quando $\Delta > 0$.

- $\Delta = 0$

  Nesse caso a função quadrática admite dois zeros reais iguais ($x_1 = x_2$).
  A parábola tangencia o eixo x e o sinal da função é o indicado nos gráficos da figura 6.6.

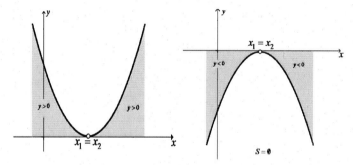

Figura 6.6: Sinal da função quadrática $y = f(x) = ax^2 + bx + c$ quando $\Delta = 0$.

- $\Delta < 0$

    Nesse caso a função quadrática não admite zeros reais. A parábola não intercepta o eixo x e o sinal da função é o indicado nos gráficos da figura 6.7.

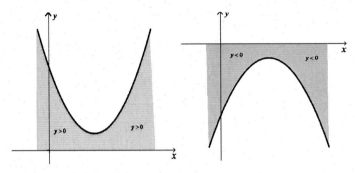

Figura 6.7: Sinal da função quadrática $y = f(x) = ax^2 + bx + c$ quando $\Delta < 0$.

Exemplo 6.3 Resolva a inequação $x^2 - x - 6 > 0$.

Solução

Queremos determinar os valores de x em que a função $y = x^2 - x - 6$ é positiva. Faremos isso observando o gráfico dessa função. Em primeiro lugar, resolvemos a equação do segundo grau correspondente $x^2 - x - 6 = 0$, usando a fórmula de Bháskara, oom $a = 1$, $b = -1$ e $c = -6$, para encontrarmos as raízes da função

$$x = \frac{-(-1) \pm \sqrt{(-1)^2 - 4 \cdot 1 \cdot (-6)}}{2 \cdot 1}$$

$$x = \frac{1 \pm \sqrt{25}}{2}$$

$$x = \frac{1 \pm 5}{2}.$$

Assim, obtemos duas raízes

$$x' = \frac{1+5}{2} = 3 \text{ e } x'' = \frac{1-5}{2} = -2.$$

Representando graficamente as raízes e fazendo um esboço da parábola, que tem concavidade voltada para cima, pois $a = 1 \geq 0$, podemos realizar o estudo do sinal dessa função e determinar a solução da inequação. Realizamos este estudo na figura 6.8, que nos mostra que a função $y = x^2 - x - 6$ é positiva (o gráfico da parábola está acima do eixo horizontal x) quando os valores de x estão à esquerda de -2 ou à direita de 3.

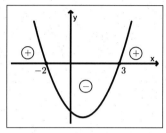

Figura 6.8: Solução da inequação do exemplo 6.3.

Portanto a solução da inequação $x^2 - x - 6 > 0$ é $S = (-\infty, -2) \cup (3, +\infty)$.

Exemplo 6.4 Resolva $2x^2 + x \leq 6$.

Solução

Em primeiro lugar, subtraímos 6 dos dois lados da inequação para obter $2x^2 + x - 6 \leq 0$. Assim resolver a inequação $2x^2 + x \leq 6$ é equivalente a resolver $2x^2 + x - 6 \leq 0$, ou seja, determinar os valores de x para os quais a função $y = 2x^2 + x - 6$ é negativa ou igual a zero. Inicialmente, resolvemos a correspondente equação quadrática $2x^2 + x - 6 = 0$ encontrando as raízes $x = -2$ e $x = \dfrac{3}{2}$. Representamos graficamente as raízes encontradas e esboçamos o gráfico da parábola que tem a concavidade voltada para cima, pois $a = 2 > 0$, da forma mostrada na figura 6.9.

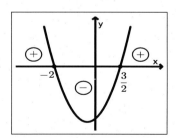

Figura 6.9: Solução da inequação do exemplo 6.4.

Na figura 6.9 podemos observar que os pontos do gráfico de $y = 2x^2 + x - 6$ que são negativos, são aqueles que estão abaixo do eixo horizontal x e que ocorrem quando os valores de x estão entre -2 e $\frac{3}{2}$. A solução da inequação original é dada pelo intervalo $S = \left[-2, \frac{3}{2}\right]$. Usamos o intervalo fechado, pois -2 e $\frac{3}{2}$ são também soluções da inequação.

Em notação de conjunto escrevemos $S = \left\{x \in \mathbb{R} \mid -2 \leq x \leq \frac{3}{2}\right\}$.

Exemplo 6.5 Resolva $x^2 + 3x + 3 < 0$.

Solução

Temos $\Delta = 3^2 - 4 \cdot 1 \cdot 3 \Rightarrow \Delta = 9 - 12 \Rightarrow \Delta = -3$, ou seja, a função não tem nenhuma raiz real.

Como $a = 1 > 0$, a parábola tem concavidade voltada para cima e como não intercepta o eixo x em nenhum ponto seu gráfico está acima do eixo horizontal x para todos os valores de x, como mostra a figura 6.10. Assim, todos os valores da função são positivos e portanto inequação $x^2 + 3x + 3 < 0$ não tem solução. Ela é dada por um conjunto vazio $S = \{\ \}$.

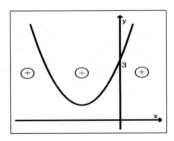

Figura 6.10: Solução da inequação do exemplo 6.5.

A figura 6.10 mostra também que as soluções da inequação $x^2 + 3x + 3 > 0$ são todos os números reais $\mathbb{R}$.

Exemplo 6.6 Resolva a inequação $x^2 - 6x + 8 \leq 0$.

Solução

Estudemos o sinal da função quadrática $y = x^2 - 6x + 8$, para determinarmos os valores de x em que $x^2 - 6x + 8 \leq 0$, ou seja, é negativa ou igual a zero (onde o gráfico está abaixo do eixo x e onde o intercepta).

Temos $a = 1 > 0$, a concavidade da parábola é voltada para cima e como $\Delta = 1 > 0$, tem duas raízes reais e distintas, calculadas pela fórmula de Bháskara, $x = 2$ e $x = 4$, conforme mostra a figura 6.11.

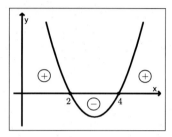

Figura 6.11: Solução da inequação do exemplo 6.6.

Observamos então na figura que no intervalo $2 \leq x \leq 4$ temos $y \leq 0$, assim

$$S = \{x \in \mathbb{R} | 2 \leq x \leq 4\} = [2, 4].$$

Exemplo 6.7 Resolva a inequação $2x^2 + 3x \geq x^2 + 7x$.

Solução

Vamos reescrever essa inequação, deixando-a na forma $ax^2 + bx + c \geq 0$, realizando a seguinte operação

$$2x^2 + 3x - x^2 - 7x \geq 0$$

$$x^2 - 4x \geq 0.$$

Estudo do sinal de $y = x^2 - 4x$: temos $a = 1 > 0$, logo a concavidade da parábola é voltada para cima. $\Delta = 16 > 0$, assim a parábola tem duas raízes reais e distintas, calculadas pela fórmula de Bháskara: $x = 0$ e $x = 4$. Representamos essa parábola na figura 6.12.

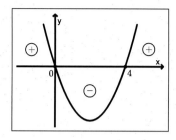

Figura 6.12: Solução da inequação do exemplo 6.7.

Na figura 6.12 podemos observar os intervalos onde a função é negativa e onde é positiva

$$\text{se } 0 < x < 4 \Rightarrow y < 0$$

$$\text{se } x < 0 \text{ ou } x > 4 \Rightarrow y > 0.$$

Como estamos resolvendo a inequação $x^2 - 4x \geq 0$, a solução é o intervalo no qual $y \geq 0$. Isto ocorre quando $x \leq 0$ ou $x \geq 4$. Assim determinamos o conjunto solução

$$S = \{x \in \mathbb{R} | x \leq 0 \text{ ou } x \geq 4\}.$$

Em notação de intervalo, o conjunto solução é $S = (-\infty, 0] \cup [4, +\infty)$.

Exemplo 6.8 Resolva a inequação $2x^2 + 3x + 9 < -x(2x + 9)$.

Solução

Realizando algumas operações, reescreveremos a inequação na forma $ax^2 + bx + c < 0$:

$$2x^2 + 3x + 9 + x(2x + 9) < 0,$$

$$4x^2 + 12x + 9 < 0.$$

Estudaremos então o sinal de $y = 4x^2 + 12x + 9$ para determinarmos o intervalo onde essa função é negativa (intervalo no qual o gráfico da função fica abaixo do eixo x): como $a = 4 > 0$, a concavidade da parábola é voltada para cima. A função tem duas raízes reais e iguais, pois $\Delta = 0$. Utilizando a fórmula de Bháskara, obtemos a raiz $x = -\frac{3}{2}$. O esboço do gráfico da função é mostrado na figura 6.13.

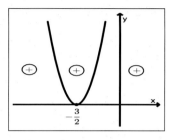

Figura 6.13: Solução da inequação do exemplo 6.8.

A solução de $4x^2 + 12x + 9 < 0$ corresponde então aos intervalos onde a função é negativa. Observamos no estudo do sinal da figura 6.13 que a função é sempre positiva, logo não existe x em que y é negativa, portanto $S = \varnothing$.

Também com as inequações do segundo grau ocorrem inequações duplas, produto e quociente, que serão os casos que abordaremos nos próximos exemplos.

Exemplo 6.9 Resolva a inequação: $4 < x^2 \leq 9$.

Solução

De fato são duas inequações simultâneas que resolveremos separadamente:

$$\text{(a) } 4 < x^2 \quad \text{e} \quad \text{(b) } x^2 \leq 9.$$

A solução da inequação simultânea será a interseção dos intervalos obtidos em (a) e (b), pois os valores de x devem satisfazer as duas inequações envolvidas.

a) Para determinarmos a solução de $4 < x^2$, observamos que devemos resolver a inequação $4 - x^2 < 0$ e assim, através do estudo de sinal de $y_1 = 4 - x^2$, determinar o intervalo onde esta função é negativa.

Estudo do sinal de $y_1 = 4 - x^2$: temos $a = -1 < 0$, logo a concavidade da parábola é voltada para baixo. Para representarmos graficamente esta parábola calculamos suas raízes. Como $\Delta = 16 > 0$, teremos duas raízes reais e distintas, que calculadas pela fórmula de Bháskara, são $x = -2$ e $x = 2$. Com estas informações esboçamos o gráfico da função e analisamos seu sinal, como mostra a figura 6.14.

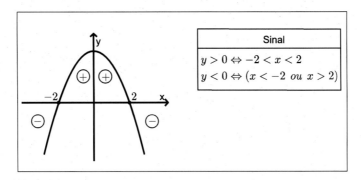

Figura 6.14: Estudo do sinal da função $y_1 = 4 - x^2$ do exemplo 6.9.

A solução procurada são os valores de x nos quais a função é negativa, logo $S_1 = (-\infty, -2) \cup (2, +\infty)$.

b) Para determinarmos a solução de $x^2 \leq 9$, devemos resolver a inequação $x^2 - 9 \leq 0$ e assim, através do estudo de sinal de $y_2 = x^2 - 9$, determinar o intervalo onde esta função é positiva ou zero.

Estudo do sinal de $y_2 = x^2 - 9$: temos $a = 1 > 0$, logo a concavidade da parábola é voltada para cima. Como $\Delta = 36 > 0$, teremos duas raízes reais e distintas, que calculadas pela fórmula de Bháskara, são $x = -3$ e $x = 3$. Com essas informações esboçamos o gráfico da função e analisamos seu sinal, como mostra a figura 6.15.

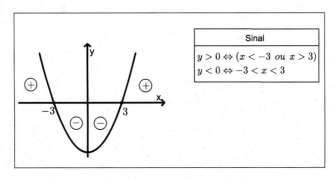

Figura 6.15: Estudo do sinal da função $y_2 = x^2 - 9$ do exemplo 6.9.

A solução procurada são os valores de x nos quais a função é negativa ou zero, logo

$$S_2 = [-3, 3].$$

Tendo obtido a solução de cada uma das inequações, apresentamos na figura 6.16 o procedimento que realizamos para obter a interseção $S_1 \cap S_2 = [-3, -2) \cup (2, 3)$, que é a solução de $4 < x^2 \leq 9$.

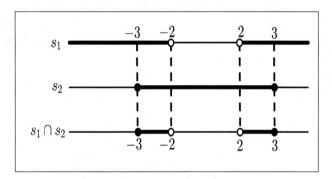

Figura 6.16: Solução da inequação $4 < x^2 \leq 9$ do exemplo 6.9.

Exemplo 6.10   Resolva a inequação: $(2x^2 - 4x)(-x^2 + 3x + 4) < 0$.

Solução

A inequação envolve um produto, assim estudaremos o sinal de cada função y_1, y_2,

a) $y_1 = 2x^2 - 4x$,   b) $y_2 = -x^2 + 3x + 4$

e montaremos depois o quadro-produto para determinarmos os intervalos onde o produto $(2x^2 - 4x)(-x^2 + 3x + 4)$ é negativo.

a) Estudo do sinal de $y_1 = 2x^2 - 4x$: temos $a = 2 > 0$, logo a concavidade da parábola é voltada para cima. Para representarmos graficamente esta parábola calculamos suas raízes. Como $\Delta = 4 > 0$, teremos duas raízes reais e distintas, que calculadas pela fórmula de Bháskara, são $x = 0$ e $x = 2$.

Com essas informações esboçamos o gráfico da função e analisamos seu sinal, como mostra a figura 6.17.

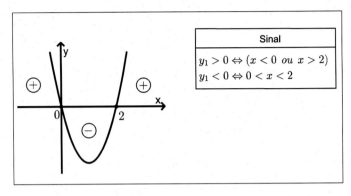

Figura 6.17: Estudo do sinal da função $y_1 = 2x^2 - 4x$ do exemplo 6.10.

b) Estudo do sinal de $y_2 = -x^2+3x+4$: temos $a = -1 < 0$, logo a concavidade da parábola é voltada para baixo. Como $\Delta = 25 > 0$, a função tem duas raízes reais e distintas, $x = -1$ e $x = 4$. Com essas informações esboçamos o gráfico da função e analisamos seu sinal, como mostra a figura 6.18.

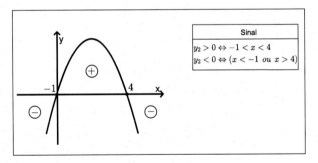

Figura 6.18: Estudo do sinal da função $y_2 = -x^2 + 3x + 4$ do exemplo 6.10.

Tendo obtido a solução de cada uma das inequações, apresentamos na figura 6.19 o quadro-produto com o estudo do sinal das funções y_1, y_2 e do produto $y_1 \cdot y_2$.

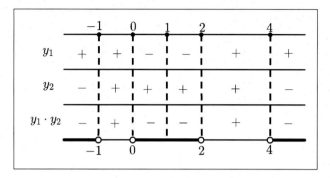

Figura 6.19: Solução da inequação $(2x^2 - 4x)(-x^2 + 3x + 4) < 0$ do exemplo 6.10.

Como buscamos os intervalos onde o produto é negativo, então a solução procurada é

$$S = (-\infty, -1) \cup (0, 2) \cup (4, +\infty).$$

Exemplo 6.11 Determine a solução de $\dfrac{x^2 + 4x - 5}{x^2 - 8x + 16} \geq 0$.

Solução

A inequação envolve um quociente, assim estudaremos o sinal de cada função y_1, y_2,

a) $y_1 = x^2 + 4x - 5$, b) $y_2 = x^2 - 8x + 16$

e montaremos depois o quadro-quociente para determinarmos os intervalos onde a inequação $\dfrac{x^2 + 4x - 5}{x^2 - 8x + 16}$ é positiva ou igual a zero, excluindo os valores onde o denominador se anula.

a) Estudo do sinal de $y_1 = x^2 + 4x - 5$: como $a = 1 > 0$, a concavidade da parábola é voltada para cima. Para representarmos graficamente essa parábola calculamos suas raízes. Como $\Delta = 36 > 0$, teremos duas raízes reais e distintas, que calculadas pela fórmula de Bháskara, são $x = -5$ e $x = 1$. Com essas informações esboçamos o gráfico da função e analisamos seu sinal, como mostra a figura 6.20.

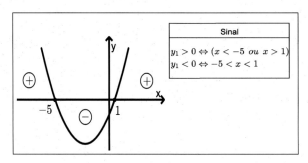

Figura 6.20: Estudo do sinal da função $y_1 = x^2 + 4x - 5$ do exemplo 6.11.

b) Estudo do sinal de $y_2 = x^2 - 8x + 16$: temos $a = 1 > 0$, logo a concavidade da parábola é voltada para cima. Como $\Delta = 0$, a função tem raízes reais e iguais, $x = 4$. Com essas informações esboçamos o gráfico da função e analisamos seu sinal, como mostra a figura 6.21.

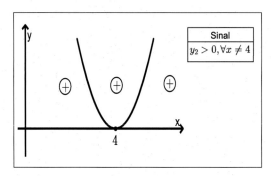

Figura 6.21: Estudo do sinal da função $y_2 = x^2 - 8x + 16$ do exemplo 6.11.

Tendo obtido a solução de cada uma das inequações, apresentamos na figura 6.22 o quadro com o estudo do sinal das funções y_1, y_2 e do quociente $\dfrac{y_1}{y_2}$.

Como buscamos os intervalos onde o quociente é positivo ou igual a zero, então a solução procurada é

$$S = (-\infty, -5] \cup [1, 4) \cup (4, +\infty).$$

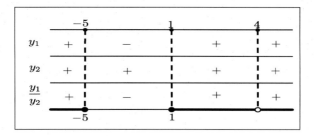

Figura 6.22: Solução da inequação $\dfrac{x^2 + 4x - 5}{x^2 - 8x + 16} \geq 0$ do exemplo 6.11.

Exemplo 6.12   Resolva a inequação: $(x^2 - 3x)(-x^2 + 6x - 8) > 0$.

Solução

A inequação envolve um produto, assim estudaremos o sinal de cada função $y_1 = x^2 - 3x$, $y_2 = -x^2 + 6x - 8$ e montaremos depois o quadro-produto para determinarmos os intervalos onde a inequação $(x^2 - 3x)(-x^2 + 6x - 8)$ é positiva.

a) Estudo do sinal de $y_1 = x^2 - 3x$: temos $a = 1 > 0$, logo a concavidade da parábola é voltada para cima. Para representarmos graficamente essa parábola calculamos suas raízes. Como $\Delta = 3 > 0$, teremos duas raízes reais e distintas, que calculadas pela fórmula de Bháskara, são $x = 0$ e $x = 3$. Com essas informações esboçamos o gráfico da função e analisamos seu sinal, como mostra a figura 6.23.

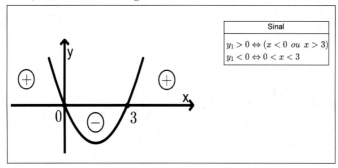

Figura 6.23: Estudo do sinal da função $y_1 = x^2 - 3x$ do exemplo 6.12.

b) Estudo do sinal de $y_2 = -x^2+6x-8$: temos $a = -1 < 0$, logo a concavidade da parábola é voltada para baixo. Como $\Delta = 4 > 0$, a função tem duas raízes reais e distintas, $x = 2$ e $x = 4$. Com essas informações esboçamos o gráfico da função e analisamos seu sinal, como mostra a figura 6.24.

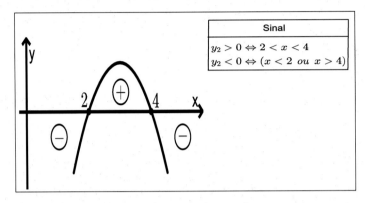

Figura 6.24: Estudo do sinal da função $y_2 = -x^2 + 6x - 8$ do exemplo 6.12.

Tendo obtido a solução de cada uma das inequações, apresentamos na figura 6.25 o quadro-produto com o estudo do sinal das funções y_1, y_2 e $y_1 \cdot y_2$.

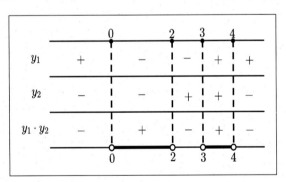

Figura 6.25: Solução da inequação $(x^2 - 3x)(-x^2 + 6x - 8)$ do exemplo 6.12.

Como buscamos os intervalos onde o produto é positivo, então a solução procurada é

$$S = (0,2) \cup (3,4).$$

Exemplo 6.13 Determine a solução de $\dfrac{2x^2 - 7x + 5}{-x^2 + 6x - 8} \leq 0$.

Solução

A inequação envolve um quociente, assim estudaremos o sinal de cada função y_1, y_2,

a) $y_1 = 2x^2 - 7x + 5$,   b) $y_2 = -x^2 + 6x - 8$

e montaremos depois o quadro-quociente para determinarmos os intervalos onde $\dfrac{2x^2 - 7x + 5}{-x^2 + 6x - 8}$ é negativo ou igual a zero, excluindo os valores em que o denominador se anula.

a) Estudo do sinal de $y_1 = 2x^2 - 7x + 5$: como $a = 2 > 0$, a concavidade da parábola é voltada para cima. Para representarmos graficamente essa parábola calculamos suas raízes. Como $\Delta = 9 > 0$, teremos duas raízes reais e distintas, que calculadas pela fórmula de Bháskara, são $x = 1$ e $x = \dfrac{5}{2}$. Com essas informações esboçamos o gráfico da função e analisamos seu sinal, como mostra a figura 6.26.

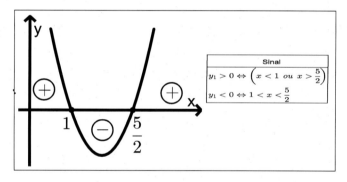

Figura 6.26: Estudo do sinal da função $y_1 = 2x^2 - 7x + 5$ do exemplo 6.13.

b) Estudo do sinal de $y_2 = -x^2 + 6x - 8$: temos $a = -1 < 0$, logo a concavidade da parábola é voltada para baixo. Como $\Delta = 4$, a função tem raízes reais e distintas, que são $x = 2$ e $x = 4$. Com essas informações esboçamos o gráfico da função e analisamos seu sinal, como mostra a figura 6.27.

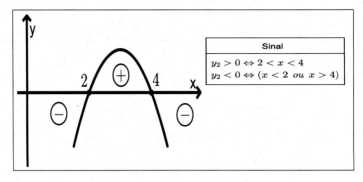

Figura 6.27: Estudo do sinal da função $y_2 = -x^2 + 6x - 8$ do exemplo 6.13.

Tendo obtido a solução de cada uma das inequações, apresentamos na figura 6.28 o quadro-quociente com o estudo do sinal das funções y_1, y_2 e $\dfrac{y_1}{y_2}$.

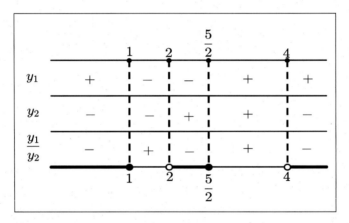

Figura 6.28: Solução da inequação $\dfrac{2x^2 - 7x + 5}{-x^2 + 6x - 8} \leq 0$ do exemplo 6.13.

Como buscamos os intervalos onde o quociente é negativo ou igual a zero e não anule o denominador, então a solução procurada é

$$S = (-\infty, -1] \cup (2, \frac{5}{2}] \cup (4, +\infty).$$

Exemplo 6.14 Determine o domínio da função $f(x) = \sqrt{\dfrac{2x-4}{x^2-9}}$.

Solução

O domínio da função é formado pelos valores de x nos quais $\dfrac{2x-4}{x^2-9} \geq 0$ e $x^2 - 9 \neq 0$. Resolveremos assim a inequação quociente estudando o sinal de cada função y_1, y_2,

$$\text{a) } y_1 = 2x - 4, \qquad \text{b) } y_2 = x^2 - 9$$

e montaremos depois o quadro-quociente para determinarmos os intervalos onde a inequação $\dfrac{2x-4}{x^2-9} \geq 0$, ou seja, é negativa ou igual a zero, excluindo os valores onde $x^2 - 9 = 0$.

a) Estudo do sinal de $y_1 = 2x - 4$: temos uma função de primeiro grau e como $a = 2 > 0$, seu gráfico é uma reta crescente. A raiz da função, calculada por $2x - 4 = 0$ é $x = 2$. Com essas informações esboçamos o gráfico da função e analisamos seu sinal, como mostra a figura 6.29.

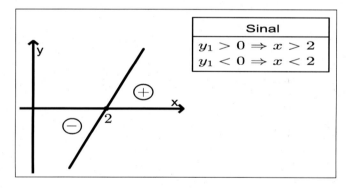

Figura 6.29: Estudo do sinal da função $y_1 = 2x - 4$ do exemplo 6.14.

b) Estudo do sinal de $y_2 = x^2 - 9$: temos $a = 1 > 0$, logo a concavidade da parábola é voltada para cima. Como $\Delta = 36$, a função tem raízes reais e distintas, que são $x = -3$ e $x = 3$. Com essas informações esboçamos o gráfico da função e analisamos seu sinal, como mostra a figura 6.30.

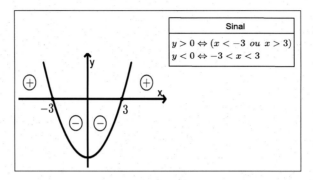

Figura 6.30: Estudo do sinal da função $y_2 = x^2 - 9$ do exemplo 6.14.

Tendo obtido a solução de cada uma das inequações, apresentamos na figura 6.31 o quadro-produto com o estudo do sinal das funções y_1, y_2 e do quociente $\dfrac{y_1}{y_2}$.

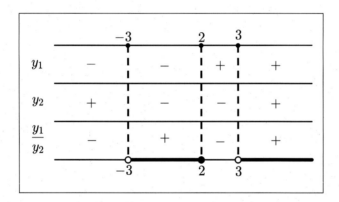

Figura 6.31: Solução da inequação $\dfrac{2x-4}{x^2-9} \geq 0$ do exemplo 6.14.

Como buscamos os valores de x onde o quociente é positivo ou igual a zero e $x^2 - 9 \neq 0$, então o domínio da função é

$$S = (-3, 2] \cup (3, +\infty).$$

6.4 Exercícios

1. Resolva as inequações e esboce a solução em um eixo coordenado:

    (a) $x^2 > 9$
    (b) $x^2 \leq 5$
    (c) $x^2 - x - 6 < 0$
    (d) $x^2 - 2x - 5 > 3$
    (e) $(x-4)(x+2) > 0$
    (f) $(x-3)(x+4) < 0$
    (g) $x^2 - 9x + 20 \leq 0$
    (h) $2 - 3x + x^2 \geq 0$

2. Ache todos os valores de x para os quais a expressão dada resulte um número real:

    (a) $\sqrt{x^2 + x - 6}$

    (b) $\sqrt{\dfrac{x^2 - 4}{x - 1}}$

3. Resolva as inequações e represente graficamente o conjunto solução:

    (a) $-2x^2 + 3x + 2 \geq 0$
    (b) $-x^2 - 4x - 4 \leq 0$
    (c) $(x^2 + x - 2)(-x + 2) \leq 0$
    (d) $(x - x^2)(x + 4) < 0$

4. Determine o domínio das seguintes funções:

    (a) $y = \sqrt{x^2 - 5x}$
    (b) $y = \sqrt{x^2 - 2x - 15}$
    (c) $\sqrt{\dfrac{-x^2 + 1}{x^2 - 4x}}$

5. Determine o conjunto solução das seguintes desigualdades:

(a) $m + \dfrac{3 - m^2}{m - 2} \geq -3$

(b) $\dfrac{x^2 + 2x - 3}{x - 5} > 0$

7 Função Modular

Ao trabalharmos com números inteiros, marcando-os na reta numérica, observamos que os números simétricos, ou opostos, ficam à mesma distância do zero. Essa propriedade é válida também para qualquer número real e nos motiva ao estudo do módulo e da função modular, que associa a cada número real x o seu valor absoluto, estudo que realizaremos neste capítulo.

7.1 Módulo ou Valor Absoluto

Definição 7.1 O valor absoluto (ou módulo) de um número real x, denotado por $|x|$, é definido por

$$|x| = \begin{cases} x, & \text{se } x \geq 0 \\ -x, & \text{se } x < 0 \end{cases}$$

ou seja, é o próprio x quando este for positivo ou nulo e é o oposto de x quando este é negativo. Também é definido por $|x| = \max\{x, -x\}$.

Exemplo 7.1 Calcule: (a) $|3|$; (b) $|-4|$; (c) $|0|$.

Solução

Pela definição de módulo, temos que

(a) $|3| = 3$, pois $3 > 0$

(b) $|-4| = -(-4)$, pois $-4 < 0$

(c) $|0| = 0$, pois $0 \geq 0$

Observação 7.1 Note que o valor absoluto de um número é o número "sem sinal". Isso significa que o valor absoluto de um número real é sempre maior ou igual a zero, ou seja,

$$|x| \geq 0, \text{ para todo } x \in \mathbb{R}.$$

7.2 Interpretação Geométrica do Valor Absoluto

A notação de valor absoluto surge naturalmente em problemas de distâncias. Interpretamos $|x|$ como sendo a distância de x até o zero na reta real.

Observe a figura 7.1 para a representação geométrica do $|3|$, que nos diz que $|3| = 3$, pois 3 equidista 3 unidades de comprimento da origem 0. Da mesma forma, $|-3| = 3$, pois -3 equidista 3 unidades da origem 0.

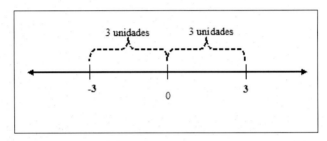

Figura 7.1: Representação geométrica do módulo ou valor absoluto.

7.3 Relação entre Raiz Quadrada e Valor Absoluto

Da álgebra, sabe-se que a raiz quadrada de b é o número $a \geq 0$ que elevado ao quadrado resulta em b. Como $|x| = x$ ou $|x| = -x$, temos que

$$|x|^2 = x^2 = (-x)^2, \text{ de onde segue que } |x| \text{ é raiz quadrada de } x^2.$$

Apresentamos resumidamente este resultado na definição a seguir.

Definição 7.2 Para todo número real x, tem-se $\sqrt{x^2} = |x|$.

Exemplo 7.2 Calcule $\sqrt{4^2}$ e $\sqrt{(-6)^2}$.

Solução

Usando a definição 7.2, temos que $\sqrt{4^2} = |4| = 4$ e $\sqrt{(-6)^2} = |-6| = 6$.

7.4 Propriedades do Valor Absoluto

Sejam x e y números reais, então:

(a) $|-x| = |x|$

(b) $|x \cdot y| = |x| \cdot |y|$

(c) $\left|\dfrac{x}{y}\right| = \dfrac{|x|}{|y|}$, $y \neq 0$

Não faremos suas demonstrações aqui, porém as mesmas podem ser encontradas, por exemplo, em [6].

Exemplo 7.3 Usando as propriedades do valor absoluto, calcule:

1. $|-5|$

2. $|2 \cdot 3|$

3. $\left|\dfrac{-10}{5}\right|$

Solução

1. Pela propriedade (a), temos que $|-5| = |5| = 5$.

2. Pela propriedade (b), temos que $|2 \cdot 3| = |2| \cdot |3| = 2 \cdot 3 = 6$.

3. Pela propriedade (c), temos que $\left|\dfrac{-10}{5}\right| = \dfrac{|-10|}{|5|} = \dfrac{|10|}{|5|} = \dfrac{10}{5} = 2$.

7.5 Equação Modular

Se y é um número real qualquer, pode-se provar que

$$|x| = y \text{ se, e somente se, } x = y \text{ ou } x = -y,$$

ou seja, x deve estar a uma distância y do zero na reta real, podendo estar à direita ou à esquerda do zero.

A partir dessa noção, podemos resolver equações cujas expressões estejam dentro de módulos, que chamamos de *equações modulares*. De forma prática, igualamos a expressão de dentro do módulo a y e $-y$ e resolvemos separadamente cada equação. A solução geral será a união das duas soluções obtidas.

Exemplo 7.4 Resolva a equação modular $|2x+1| = 5$.

Solução

Nessa equação queremos determinar os valores de x cuja distância de $2x+1$ seja de 5 unidades da origem. Como esse valor pode estar à direita ou à esquerda do zero na reta real, temos dois casos:

$$\textbf{(I)} \; 2x+1 = 5 \quad \text{ou} \quad \textbf{(II)} \; 2x+1 = -5.$$

Resolvendo separadamente cada caso, obtemos

$\textbf{(I)} \quad 2x+1 = 5 \qquad \textbf{(II)} \quad 2x+1 = -5$
$\qquad\quad 2x = 4 \qquad\qquad\quad\; 2x = -6$
$\qquad\quad\; x = 2 \qquad\qquad\quad\;\; x = -3$

O conjunto solução é dado então por: $S = \{2, -3\}$.

Exemplo 7.5 Resolva a equação modular $|x^2 - 4x + 1| = 2$.

Solução

Nessa equação queremos determinar os valores de x cuja distância de $x^2 - 4x + 1$ seja de 2 unidades da origem. Como esse valor pode estar à direita ou à esquerda do zero na reta real, temos dois casos:

$$\textbf{(I)} \; x^2 - 4x + 1 = 2 \quad \text{ou} \quad \textbf{(II)} \; x^2 - 4x + 1 = -2.$$

Resolvendo separadamente cada equação de segundo grau, cujas raízes são calculadas pela fórmula de Bháskara, obtemos

(I) $x^2 - 4x + 1 = 2$ (II) $x^2 - 4x + 1 = -2$
$x^2 - 4x - 1 = 0$ $x^2 - 4x + 3 = 0$
$x' = 2 + \sqrt{5};\ x'' = 2 - \sqrt{5}$ $x' = 1;\ x'' = 3.$

O conjunto solução é dado então por: $S = \{2 + \sqrt{5}, 2 - \sqrt{5}, 1, 3\}$.

7.6 Função Modular

A função $f(x) = |x|$, é a função que associa a cada número real x seu valor absoluto, sendo assim definida

$$f(x) = |x| = \begin{cases} x, & \text{se } x \geq 0 \\ -x, & \text{se } x < 0 \end{cases}$$

O gráfico da função modular pode ser visto na figura 7.2.

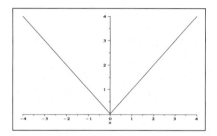

Figura 7.2: Gráfico da função modular.

Observamos que $D(f) = \mathbb{R}$ e como o valor absoluto é sempre um número positivo, temos que $Im(f) = \mathbb{R}_+$. Note também que a função modular é definida por duas sentenças, como foi visto na seção 4.3.

Graficamente, a função modular altera os valores negativos da imagem, tornando-os positivo, refletindo-os em torno do eixo x, conforme podemos comparar a partir do gráfico da função afim $y = x$, na figura 7.3.

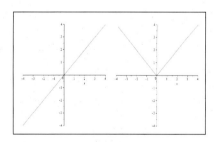

Figura 7.3: Gráfico das funções $y = x$ e $y = |x|$, respectivamente.

Exemplo 7.6   Construa o gráfico da função $f(x) = |x - 1|$.

Solução

Observamos que o gráfico da função $y = x - 1$ assume valores negativos para valores $x < 1$, conforme mostra a figura 7.4.

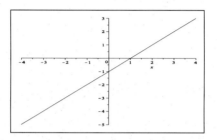

Figura 7.4: Gráfico da função $y = x - 1$.

Então essa parte do gráfico será alterada pela função $f(x) = |x - 1|$, pois pela definição de módulo, temos que

$$|x - 1| = \begin{cases} x - 1, & \text{se } x - 1 \geq 0 \\ -(x - 1), & \text{se } x - 1 < 0 \end{cases},$$

ou seja,

$$|x - 1| = \begin{cases} x - 1, & \text{se } x \geq 1 \\ -x + 1, & \text{se } x < 1 \end{cases}.$$

O gráfico desta função modular é mostrado na figura 7.5.

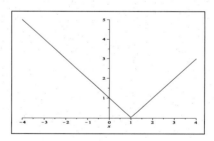

Figura 7.5: Gráfico da função modular do exemplo 7.6

Podemos observar que, em relação ao gráfico da função $f(x) = |x|$, ocorreu um deslocamento na função $f(x) = |x-1|$ de uma unidade para a direita, como estudado na seção 4.8.

Exemplo 7.7   Construa o gráfico da função $f(x) = |x^2 - 4|$.

Solução

Observamos que o gráfico da função $y = x^2 - 4$ assume valores negativos quando $-2 < x < 2$, conforme mostra a figura 7.6.

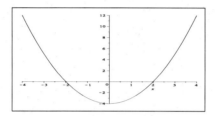

Figura 7.6: Gráfico da função $y = x^2 - 4$.

Então essa parte do gráfico será alterada pela função $f(x) = |x^2 - 4|$, pois pela definição de módulo, temos que

$$|x^2 - 4| = \begin{cases} x^2 - 4, & \text{se } x^2 - 4 \geq 0 \\ -(x^2 - 4), & \text{se } x^2 - 4 < 0 \end{cases}$$

$$\Rightarrow |x^2 - 4| = \begin{cases} x^2 - 4, & \text{se } x \leq -2 \text{ ou } x \geq 2 \\ -x^2 + 4, & \text{se } -2 < x < 2 \end{cases}$$

O gráfico desta função modular é mostrado na figura 7.7.

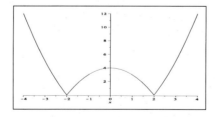

Figura 7.7: Gráfico da função modular do exemplo 7.7.

7.7 Inequação Modular

Da mesma forma que interpretamos geometricamente a solução de uma equação modular, podemos pensar em encontrar os possíveis valores de x que fiquem a uma distância maior ou menor que y do zero da reta real, que consiste em resolver inequações modulares.

Assim, pode-se provar que, se y é um número real qualquer, então:

(a) $|x| < y$ se, e somente se, $-y < x < y$

(b) $|x| > y$ se, e somente se, $x > y$ ou $x < -y$

Esses são os dois casos mais simples de *inequações modulares*, que podem ser interpretados graficamente através das figuras 7.8 e 7.9.

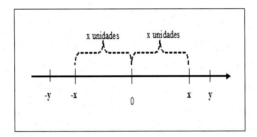

Figura 7.8: Representação geométrica de $|x| < y$.

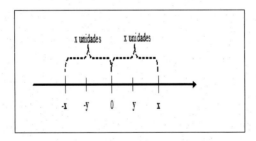

Figura 7.9: Representação geométrica $|x| > y$.

Inequações que envolvem o *valor absoluto* ou *módulo* de um número são também inequações duplas, pois por definição

$$|x| = x \text{ se } x \geq 0, \quad \text{ou} \quad |x| = -x \text{ se } x \leq 0.$$

Assim ao trabalharmos com inequações modulares, podem ocorrer basicamente dois casos:

(I) $|ax + b| \leq c$;
(II) $|ax + b| \geq c$.

No primeiro caso, queremos determinar todos os valores possíveis de x para os quais

$$-c \leq ax + b \leq c.$$

No segundo caso, buscamos todos os valores possíveis de x para os quais

$$ax + b \geq c \text{ ou } -(ax + b) \geq c.$$

Observação 7.2 Outras expressões, além de polinômios de primeiro grau como aqui exemplificadas, podem aparecer nas inequações modulares, mas a interpretação geométrica e o modo de resolver é o mesmo. Por exemplo, se queremos resolver $|x^2 - 4| \leq 5$, vamos determinar os valores de x para os quais $-5 \leq x^2 - 4 \leq 5$.

Exemplo 7.8 Determine a solução de $|x - 1| \leq 4$.

Solução

Esta é uma inequação do primeiro caso, logo queremos determinar todos os valores possíveis de x para os quais

$$-4 \leq x - 1 \leq 4.$$

Esta inequação pode ser resolvida simultaneamente. Assim, adicionando 1 em todos os membros da inequação obtemos

$$-3 \leq x \leq 5.$$

Portanto $S = \{x \in \mathbb{R} | -3 \leq x \leq 5\} = [-3, 5]$.

Graficamente, interpretamos esse resultado como todos os valores de x para os quais a função $f(x) = |x - 1|$ possui imagem menor ou igual a 4, conforme mostra a figura 7.10.

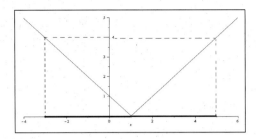

Figura 7.10: Representação geométrica de $|x - 1| \leq 4$.

Exemplo 7.9 Determine a solução de $|2x + 3| > 1$.

Solução

Neste caso não poderemos resolver simultaneamente as inequações, pois como

$$|2x + 3| > 1$$

é do segundo caso, queremos determinar todos os valores possíveis de x para os quais

$$2x + 3 > 1 \quad \text{ou} \quad -(2x + 3) > 1.$$

Resolvemos então separadamente cada inequação e o conjunto solução será formado pela união dos dois resultados.

Resolvendo cada inequação, obtemos

$$\begin{array}{lll}
2x + 3 > 1 & \text{ou} & -(2x + 3) > 1 \\
2x + 3 - 3 > 1 - 3 & & -2x - 3 > 1 \\
2x > -2 & & -2x - 3 + 3 > 1 + 3 \\
\dfrac{2x}{2} > \dfrac{-2}{2} & & -2x > 4 \\
x > -1. & & \dfrac{-2x}{-2} < \dfrac{4}{-2} \\
& & x < -2.
\end{array}$$

Realizando a união desses dois intervalos obtemos a solução dessa inequação

$$S = \{x \in \mathbb{R} \,|\, x < -2 \text{ ou } x > -1\} = (-\infty, -2) \cup (-1, +\infty).$$

Graficamente, interpretamos esse resultado como todos os valores de x para os quais a função $f(x) = |2x + 3|$ possui imagem maior do que 1, conforme mostra a figura 7.11.

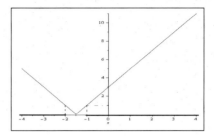

Figura 7.11: Representação geométrica de $|2x + 3| > 1$.

Exemplo 7.10   Resolva a inequação modular $|x^2 - 9| \leq 5$.

Solução

Como esta é uma inequação do primeiro caso, resolvemos a inequação dupla

$$-5 \leq x^2 - 9 \leq 5,$$

que significa determinar os valores de x para os quais as imagens da parábola $x^2 - 9$ ficam compreendidos entre -5 e 5.

Pelo esboço do gráfico da parábola mostrado na figura 7.12, observamos que os valores procurados para x ficam nos intervalos $[-4, -2]$ e $[2, 4]$.

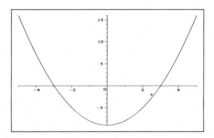

Figura 7.12: Representação da parábola $y = x^2 - 9$.

Notamos que essa solução equivale a dizer que para valores de x no intervalo $[-4, -2] \cup [2, 4]$, a função modular $y = |x^2 - 9|$ assume valores menores ou iguais a 5, conforme mostrado na figura 7.13.

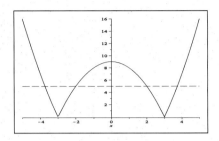

Figura 7.13: Representação geométrica de $y = |x^2 - 9|$ e $y = 5$.

O conjunto solução da inequação é dado então por

$$S = \{x \in \mathbb{R}|\ -4 \leq x \leq -2 \text{ ou } 2 \leq x \leq 4\}.$$

Exemplo 7.11 Resolva a inequação modular $\left|\dfrac{x}{2} + 3\right| \geq 1$.

Solução

Como esta é uma inequação do segundo caso, temos que buscar soluções que satisfaçam

(I) $\dfrac{x}{2} + 3 \geq 1$ ou   (II) $\dfrac{x}{2} + 3 \leq -1$.

Assim resolvendo separadamente cada inequação, obtemos

(I) $\dfrac{x}{2} + 3 \geq 1$ (II) $\dfrac{x}{2} + 3 \leq -1$
$\dfrac{x}{2} \geq -2$ $\dfrac{x}{2} \leq -4$
$x \geq -4$ $x \leq -8$

O conjunto solução da inequação é dado pela união dos intervalos obtidos:

$$S = \{x \in \mathbb{R}|\ x \leq -8 \text{ ou } x \geq -4\}.$$

Em notação de intervalo, temos $S = (-\infty, -8] \cup [-4, \infty)$.

A interpretação geométrica da solução da inequação $\left|\dfrac{x}{2} + 3\right| \geq 1$ é apresentada na figura 7.14.

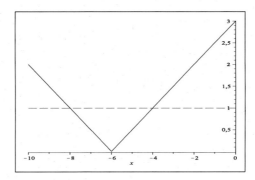

Figura 7.14: Representação geométrica de $\left|\dfrac{x}{2}+3\right| \geq 1$.

Ao estudarmos algumas propriedades do valor absoluto, observamos que é válido, para quaisquer $x, y \in \mathbb{R}$

$$|x.y| = |x|.|y|.$$

Como esta propriedade é válida para o produto, muitos estudantes associam a sua validade também para a soma, pois

$$|2+4| = |2| + |4| = 6.$$

Mas cuidado, ocorre que

$$|2+(-4)| \neq |2| + |-4|,$$

pois

$$|2+(-4)| = |-2| = 2 \text{ e } |2| + |-4| = 2+4 = 6.$$

Esse resultado, associado com as inequações modulares, é enunciado como a desigualdade triangular, que apresentamos a seguir.

Proposição 7.3 (Desigualdade Triangular) Se x e y são números reais, então

$$|x+y| \leq |x| + |y|.$$

7.8 Exercícios

1. Esboce os gráficos das seguintes funções modulares

    (a) $f(x) = |1 - x|$
    (b) $g(x) = |x^2|$
    (c) $h(x) = |2x - 5|$
    (d) $L(x) = |(x - 2)^2 - 4|$

2. Resolva as inequações abaixo e apresente a solução em notação de intervalos:

    (a) $|x + 3| < 0.01$
    (b) $|2x + 5| < 4$
    (c) $|6 - 5x| \leq 3$
    (d) $|3x - 7| \geq 5$
    (e) $|-11 - 7x| > 6$
    (f) $|6x - 7| > 10$
    (g) $|5 - 2x| \geq 7$
    (h) $|x - 4| \leq 16$
    (i) $|2x - 3| > 4$
    (j) $|2x - 3| \leq 5$

8 Função Exponencial e Função Logarítmica

No século XV, a expansão comercial e marítima exigiu cálculos matemáticos com números grandes (diversos algarismos). A descoberta dos logaritmos foi impulsionada pelo desejo de reduzir uma multiplicação a uma adição. Napier[1], denominado o inventor do logaritmo, construiu as tábuas de valores, inicialmente para base 2 e, em colaboração com Briggs[2], para base 10. Hoje estão em desuso, pois foram substituídas pelas calculadoras científicas. Porém, atualmente o estudo de exponenciais e logaritmos é feito devido a inúmeras aplicações que surgem na natureza como decaimento radioativo, método de datação de fósseis pelo carbono 14, crescimento populacional, etc.

8.1 Equações exponenciais

Definição 8.1 Uma *equação exponencial* é uma equação em que a incógnita aparece no expoente de pelo menos uma potência.

---

[1] John Napier (1550 - 1617) foi um matemático, físico, astrônomo, astrólogo e teólogo escocês. Napier se dedicou a invenção de artefatos secretos de guerra, inclusive uma peça de artilharia de longo alcance, que ficaram apenas no papel. Foi como matemático, porém, que Napier mais se destacou. Sua mais notável realização foi a criação dos logaritmos, artifício que simplificou os cálculos aritméticos e assentou as bases para a formulação de princípios fundamentais da análise combinatória. Ele usou uma constante que foi a primeira referência ao notável e, descrito quase 100 anos depois por Leonhard Euler.

[2] Henry Briggs (1561 - 1630) foi um matemático inglês responsável pela aceitação dos logaritmos pelos cientistas. Briggs estudou na Universidade de Cambridge e foi o primeiro professor de geometria na Faculdade de Gresham, Londres. Em 1619, foi designado o professor de geometria em Oxford. Briggs publicou trabalhos em navegação, astronomia e matemática. Ele propôs os logaritmos com base dez e construiu uma tabela de logaritmos que foi usada até o século 19.

Exemplo 8.1 Alguns exemplos de equações exponenciais:

(a) $4^x = 32$;   (b) $25^{x+1} = \sqrt{5^x}$;   (c) $2^{2x} = 2^x + 12$.

As equações exponenciais simples podem ser transformadas numa igualdade de potências de mesma base. Neste caso, se $a \neq 0$ e $a \neq 1$, para resolver a equação dada utilizaremos a equivalência

$$a^{x_1} = a^{x_2} \Leftrightarrow x_1 = x_2.$$

Exemplo 8.2 Resolva a equação exponencial $\left(\dfrac{1}{3}\right)^x = 27$:

Solução

Transformando a equação dada numa igualdade de potências de mesma base temos

$$3^{-x} = 3^3$$

e assim, ao igualarmos os expoentes, temos

$$-x = 3 \Rightarrow x = -3.$$

Logo S={−3}.

Exemplo 8.3 Resolva a equação exponencial $3^{x-1} = 81$:

Solução

Transformando a equação dada numa igualdade de potências de mesma base temos $3^{x-1} = 3^4$ e assim, ao igualarmos os expoentes, temos $x - 1 = 4 \Rightarrow x = 5$. Logo S={5}.

Exemplo 8.4 Resolva a equação exponencial $2^{2x} = 2^x + 12$:

Solução

Inicialmente, devemos fazer uma mudança de variável: $2^x = y$.

Note que 2^{2x} pode ser escrito como $(2^x)^2$, ou seja, y^2.

Substituindo na equação $2^{2x} - 2^x - 12 = 0$, obtemos uma equação do segundo grau

$$y^2 - y - 12 = 0.$$

As raízes são obtidas usando a fórmula de Bháskara: $y' = 4$ e $y'' = -3$.

Como $2^x = -3$ não tem solução, obtemos de $2^x = 4$ a única solução.

Então, transformando a equação dada numa igualdade de potências de mesma base temos $2^x = 2^2$ e assim, ao igualarmos os expoentes, temos $x = 2$.

Logo S={2}.

8.2 Exercícios

1. Resolva as equações exponenciais na incógnita x:

    (a) $2^x = 64$

    (b) $5^{x^2-2x} = 125$

    (c) $10^{1-x} = \frac{1}{10}$

    (d) $\left(\sqrt{2}\right)^x = 4$

    (e) $(0,5)^{2x} = 2^{1-3x}$

    (f) $(10^x)^{1-x} = 0,000001$

    (g) $\left(\frac{1}{2}\right)^{x^2-4} = 8^{x+2}$

    (h) $\sqrt[5]{2^x} = \frac{1}{32}$

2. Sabendo que $32^{x+2} = 16^{x+1}$, calcule o valor de x^2.

3. Resolva as seguintes equações exponenciais:

    (a) $3^x = 81$

    (g) $e^{2x^2+3x-2} = 1$

    (b) $5^{2x+1} = 125$

    (h) $27^{x^2-x} = 9^{x+1}$

    (c) $9^{x-1} = 3$

    (i) $(4^{x+1})^{x-1} = 2^{x^2+x+4}$

    (d) $(\sqrt[3]{4})^x = 8$

    (j) $3^{x-1} - 3^x + 3^{x+1} + 3^{x+2} = 306$

    (e) $3^{-x} = \frac{1}{243}$

    (k) $4^x + 4 = 5 \cdot 2^x$

    (f) $100^{2x} = 0,000001$

    (l) $16^{2x+3} - 16^{2x+1} = 2^{8x+12} - 2^{6x+5}$

8.3 Função exponencial

Definição 8.2 Dado um número real a ($a > 0$ e $a \neq 1$), denomina-se *função exponencial* de base a a função f de $\mathbb{R}$ em $\mathbb{R}_+^*$ definida por $f(x) = a^x$ ou $y = a^x$.

Observação 8.1 Podemos observar que:

(i) $D(f) = \mathbb{R}$ e $Im(f) = \mathbb{R}_+^*$.

(ii) A função exponencial é estritamente crescente para $a > 1$ e estritamente decrescente para $0 < a < 1$. Na figura 8.1, apresentamos os gráficos das funções exponenciais nos casos $a > 1$ e $0 < a < 1$.

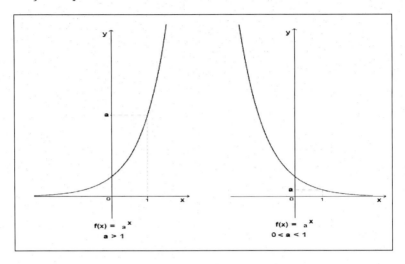

Figura 8.1: Gráfico das funções exponenciais.

(iii) A exigência $a \neq 1$ é para que a função exponencial não seja uma função constante.

(iv) Se $a < 0$, então a^x não está definido para todo x real, Por exemplo, se $a = -2$, não tem sentido $a^{3/2}$. Verifique! Por isso, exigimos que $a > 0$.

(v) O gráfico da função exponencial $y = a^x$ é chamado *curva exponencial*.

(vi) O gráfico não toca o eixo x e não tem pontos nos quadrantes III e IV.

(vii) Se $a > 1$, a função é crescente e o gráfico f se aproxima do eixo Ox quando x decresce indefinidamente. Por isso chamamos o eixo x de uma assíntota horizontal do gráfico de f.

(viii) Se $0 < a < 1$, a função é decrescente e o gráfico f se aproxima do eixo x quando x cresce indefinidamente. Assim sendo, também chamamos o eixo Ox de assíntota horizontal do gráfico de f.

(ix) A função exponencial é ilimitada superiormente.

8.4 Exercícios

1. Identifique as seguintes funções como crescentes (C) ou decrescentes (D):
   (a) $f(x) = 4^x$ (b) $f(x) = \pi^x$ (c) $f(x) = (0,01)^x$ (d) $f(x) = \left(\frac{1}{5}\right)^x$

2. Se f, g e h são funções de $\mathbb{R}$ em $\mathbb{R}$ dadas por $f(x) = 2.3^x$, $g(x) = 5^x - 2$ e $h(x) = 5^{x-2}$. Determine:
   (a) $f(2)$ (b) $g(2)$ (c) $h(2)$ (d) $f(-1)$
   (e) $g(0)$ (f) $h(0)$ (g) x tal que $h(x) = 125$

3. Esboce o gráfico das seguintes funções:
   (a) $f(x) = 3^{x+1}$ (b) $f(x) = \left(\frac{1}{2}\right)^x - 1$
   (c) $f(x) = -2^{-x}$ (d) $f(x) = e^{-|x|}$

4. Contrua o gráfico das seguintes funções exponenciais:
   (a) $f(x) = 3^x$ (d) $f(x) = 4^{x+1}$ (g) $f(x) = -5^x$
   (b) $f(x) = \left(\frac{1}{3}\right)^x$ (e) $f(x) = 3^x + 2$ (h) $f(x) = -2^{-x}$
   (c) $f(x) = 2^{-x}$ (f) $f(x) = 5^x - 1$ (i) $f(x) = 1 - 3^{\frac{x}{2}}$

5. Contrua o gráfico das seguintes funções exponenciais, onde e representa o Número de Euler ($e \cong 2,7182$):
   (a) $f(x) = e^x$ (b) $f(x) = e^{-2} \cdot e^x$ (c) $f(x) = e^{|x|}$
   (d) $f(x) = |e^x - 2|$ (e) $f(x) = \sqrt{e^{|x|}} - 2$ (f) $f(x) = |e^{x+1} - 1|$

8.5 Logaritmo

Definição 8.3 Sejam a e b números reais positivos, com $a \neq 1$. Chamamos de *logaritmo de b na base a*, e escrevemos $\log_a b$, ao expoente x que satisfaz a equação $a^x = b$.

Em outras palavras, temos:

$$\log_a b = x \iff a^x = b.$$

Neste caso, dizemos que a é a *base* e b é o *logaritmando*.

Observação 8.2 Podemos observar que:

(i) $a \in \mathbb{R}_+^*$, para que a^x tenha significado $\forall x \in \mathbb{R}$.

(ii) $a \neq 1$, pois do contrário, $\log_a b$ só teria significado para $b = 1$.

(iii) $b \in \mathbb{R}_+^*$, visto que $a > 0$ e portanto temos $a^x = b > 0$.

(iv) Se $a = e$, onde $e = 2,7182...$ é chamado *número de Euler*[3], então $\log_a b = \ln b$, chamado *logaritmo natural*.

Propriedades:

1. $\log_a 1 = 0$;

2. $\log_a a = 1$;

3. $\log_a a^\alpha = \alpha$;

4. $a^{\log_a b} = b$;

5. $\log_a b = \log_a c \Rightarrow b = c$;

6. $\log_a (b \cdot c) = \log_a b + \log_a c$ *(Logaritmo de um Produto)*;

7. $\log_a \left(\frac{b}{c}\right) = \log_a b - \log_a c$ *(Logaritmo de um Quociente)*;

8. $\log_a b^\alpha = \alpha \log_a b$ *(Logaritmo de uma Potência)*;

9. $\log_{a^\beta} b = \frac{1}{\beta} \log_a b$;

10. $\log_a \alpha = \dfrac{\log_b \alpha}{\log_b a}$ *(Mudança de Base)*;

11. $\log_a b = \dfrac{1}{\log_b a}$.

Observação 8.3 As propriedades 6, 7 e 8 chamam-se *propriedades operatórias dos logaritmos*.

---

[3]Leonhard Paul Euler (1707 - 1783) matemático e físico suíço. Euler fez importantes descobertas em campos variados nos cálculos e grafos. Ele também fez muitas contribuições para a matemática moderna no campo da terminologia e notação, em especial para a análise matemática, como a noção de uma função. Além disso ficou famoso por seus trabalhos em mecânica, óptica e astronomia. Euler é considerado um dos mais proeminentes matemáticos do século XVIII. Adaptado de [10].

8.6 Exercícios

1. Calcule:

    (a) $\log_2 8$ (b) $\log_3 27$ (c) $\log_2 \sqrt{8}$ (d) $\log_{\frac{1}{2}} 32$

    (e) $\log_{\frac{2}{3}} \frac{8}{27}$ (f) $\log_4 1$ (g) $\log_2 0,25$ (h) $\log_2 [\log_3 81]$

2. Calcule o valor de:

    (a) $\log_{\sqrt{2}} \sqrt{2}$ (b) $\log_5 5^4$ (c) $\log_2 \sqrt[5]{2}$ (d) $\log_{\sqrt[3]{5}} 25$

    (e) $\log_3 243$ (f) $2^{\log_2 5}$ (g) $\log_{\sqrt{7}} \sqrt[3]{7}$ (h) $\log_2 1024 + \log_{\frac{1}{5}} 625$

3. Calcule o valor de x:

    (a) $1 = \log_3 x$ (b) $0 = \log_2 x$
    (c) $\log_2 x = \log_2 5$ (d) $\log_2 x = \log \sqrt{10}$

4. Escreva usando logaritmos na base 10:

    (a) $\log_2 5$ (b) $\log_x 2$ (c) $\log_2 (x-1)$ (d) $\log_{(x+1)} (x-3)$

5. Escreva na forma de um único logaritmo:

    (a) $\log_5 6 + \log_5 11$ (b) $\log_7 28 - \log_7 4$ (c) $4\log_2 3 - 2\log_4 9$

8.7 Equações logarítmicas

Definição 8.4 Uma *equação logarítmica* é aquela em que a incógnita aparece no logaritmando ou na base do logaritmo.

Exemplo 8.5 São exemplos de equações logarítmicas:

a) $\log_3 x = 5$;

b) $\log_2 (x-3) + \log_2 x = 2$;

c) $\log_{(x-1)} 3 = 2$;

d) $2\log x = \log 2x - \log 3$.

Resolveremos esse tipo de equação utilizando a definição e as propriedades operatórias dos logaritmos, conforme mostram os exemplos a seguir.

Exemplo 8.6 Resolva a equação $\log_3 x = 5$.

Solução

Antes de resolvermos a equação, observamos que os valores de x que determinaremos devem satisfazer a condição de existência do logaritmo: logaritmando > 0. Nesse caso, $x > 0$.

Agora utilizando a definição de logaritmo, temos que

$$\log_3 x = 5 \iff 3^5 = x$$
$$\iff x = 243.$$

Como $x = 243 > 0$, então a solução da equação é $S = \{243\}$.

Exemplo 8.7 Resolva a equação $\log_2 (x-3) + \log_2 x = 2$.

Solução

Antes de resolvermos a equação, determinamos os valores de x que satisfazem a condição de existência: $x - 3 > 0$ e $x > 0 \Rightarrow x > 3$ e $x > 0 \Rightarrow x > 3$.

Agora resolvendo a equação, temos que

$$\log_2 (x-3) + \log_2 x = 2 \iff \log_2 [(x-3)x] = 2$$
$$\iff (x-3)x = 2^2$$
$$\iff x^2 - 3x - 4 = 0$$
$$\iff x_1 = 4 \text{ e } x_2 = -1.$$

Mas, da condição de existência, temos que x deve ser maior que 3 e, portanto, $x_1 = 4 \in S$ e $x_2 = -1 \notin S$, ou seja, $S = \{4\}$.

Exemplo 8.8 Resolva a equação $\log_{(x-1)} 3 = 2$.

Solução

Verificando a condição de existência, obtemos $x - 1 > 0 \Rightarrow x > 1$.

Agora resolvendo a equação, temos que

$$\log_{(x-1)} 3 = 2 \Leftrightarrow (x-1)^2 = 3$$
$$\Leftrightarrow x^2 - 2x + 1 = 3$$
$$\Leftrightarrow x^2 - 2x - 2 = 0$$
$$\Leftrightarrow x_1 = 1 - \sqrt{3} \text{ e } x_2 = 1 + \sqrt{3}.$$

Como apenas $x_2 > 1$, então a solução é $S = \{1 + \sqrt{3}\}$.

Exemplo 8.9 Resolva a equação $2\log x = \log 2x - \log 3$.

Solução

Da condição de existência, obtemos $x > 0$ e $2x > 0 \Rightarrow x > 0$.
Agora resolvendo a equação, temos que

$$2\log x = \log 2x - \log 3 \Leftrightarrow \log x^2 = \log 2x - \log 3$$
$$\Leftrightarrow \log x^2 - \log 2x = \log 3$$
$$\Leftrightarrow \log \frac{x^2}{2x} = \log 3$$
$$\Leftrightarrow \log \frac{x}{2} = \log 3$$
$$\Leftrightarrow \frac{x}{2} = 3$$
$$\Leftrightarrow x = 6.$$

Como $x = 6 > 0$, então a solução é $S = \{6\}$.

8.8 Exercícios

1. Resolva as equações logarítmicas:

    (a) $\log_x 36 = 2$

    (b) $\log_{\frac{1}{2}} (x-2) = -3$

    (c) $\log_2 (x^2 + x + 2) = 3$

    (d) $\log_2 [\log_3 (x-1)] = 2$

2. Calcule x sabendo que:

    (a) $2^{\log_2 (x+1)} = 3$

    (b) $5^{\log_5 (x^2 - 3x)} = 4$

3. Resolva as seguintes equações:

(a) $\log_{10}^2 (x+1) - \log_{10} (x+1) = 0$

(b) $\log_{10} (x+4) + \log_{10} (x-4) = 2\log_{10} 3$

4. Resolva as equações:

(a) $\log_5(3x+2) = \log_5 8$

(b) $\log_{\frac{1}{3}}(x+4) = \log_{\frac{1}{3}}(2x+3)$

(c) $\log_2(x-4) = \log_2(3x)$

(d) $\log_2 |x-4| = \log_2 |3x|$

(e) $\ln(x^2 - 4x - 12) = \ln(8 + 2x - x^2)$

(f) $\log_{\frac{1}{4}}(2x-1) = 1$

(g) $\log_2 |x^2 - 1| = 0$

(h) $\log_8(x^2 - 4x - 10) = \dfrac{1}{3}$

(i) $2[\log_4 x]^2 - 3\log_4 x + 1 = 0$

(j) $[\log_2 x]^2 - \log_4 x^5 + 1 = 0$

(k) $\log_{|x|}(2x+3) = 2$

(l) $\log_{(x+2)}(x^3 + 7x^2 + 8x + 11) = 3$

5. Resolva as equações:

(a) $\sqrt{\log_2 x} = \log_2 \sqrt{x}$

(b) $[\log_3 x]^{-1} = 2 + \log_3 x^{-1}$

8.9 Funções logarítmicas

Definição 8.5 Chamamos de *função logarítmica de base* a $(1 \neq a > 0)$ a função que associa a cada elemento x positivo o seu logaritmo nesta base, ou seja,

$$f(x) = \log_a x \text{ definida de } \mathbb{R}_+^* \text{ em } \mathbb{R} \ (1 \neq a > 0).$$

Na figura 8.2, apresentamos dois casos para as funções logarítmicas.

Observação 8.4 Ao analisarmos esses gráficos, verificamos que:

1) As curvas estão à direita do eixo y, pois as funções só são definidas para $x > 0$, ou seja, $D(f) = \mathbb{R}_+$.

2) Interceptam o eixo x no ponto de abscissa 1, pois $f(x) = \log_a 1 = 0$ para todo a.

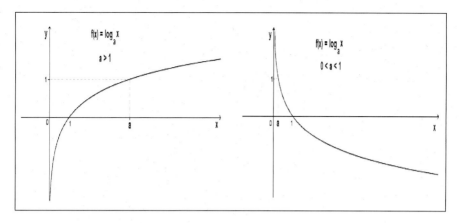

Figura 8.2: Gráfico de funções logarítmicas.

3) Eles não tocam o eixo y e não tem pontos nos quadrantes II e III.

4) Se $a > 1$, a função é crescente ($x_1 > x_2 \Leftrightarrow \log_a x_1 > \log_a x_2$);

5) Se $0 < a < 1$, a função é decrescente ($x_1 > x_2 \Leftrightarrow \log_a x_1 < \log_a x_2$);

6) A função logarítmica é ilimitada superior e inferiormente, ou seja, $Im(f) = \mathbb{R}$.

7) O gráfico da função logarítmica $f(x) = \log_a x$ é simétrico do gráfico da função $g(x) = a^x$, em relação à reta bissetriz ($y = x$), dos quadrantes I e III.

Observação 8.5 A função logarítmica $f(x) = \log_a x$ é inversível e a sua inversa é a função exponencial $g(x) = a^x$. De fato, observamos que $f : \mathbb{R}_+ \to \mathbb{R}$ e $g : \mathbb{R} \to \mathbb{R}_+$ e portanto $f \circ g$ e $g \circ f$ estão bem definidas. Além disso,

$$(f \circ g)(x) = \log_a a^x = x \log_a a = x, \forall x \in \mathbb{R}$$

e

$$(g \circ f)(x) = a^{\log_a x} = x, \forall x \in \mathbb{R}_+,$$

ou seja, $g = f^{-1}$.

Observação 8.6 Quando $a = e$ (o número de Euler), escrevemos $\log_e x = \ln x$, chamada *função logarítmica natural* e quando $a = 10$, escrevemos $\log_{10} x = \log x$, chamada *função logarítmica decimal*.

Exemplo 8.10 São logarítmicas, por exemplo, as funções:

a) $f(x) = \log_2 x$,   b) $f(x) = \log_{10} x$ e   c) $f(x) = \log_e x$

As funções logarítmicas podem sofrer translações (horizontais e verticais), alongamentos, compressões e rotações (em relação aos eixos).

8.10 Exercícios

1. Construa o gráfico das funções logarítmicas:
   (a) $f(x) = \log_3 x$
   (b) $f(x) = \log_2 \frac{x}{2}$
   (c) $f(x) = \log_{\frac{1}{3}} x$
   (d) $f(x) = \log_2 (x-1)$

2. Identifique as funções como crescentes (C) ou decrescentes (D):
   (a) $f(x) = \log_2 x$
   (b) $f(x) = \log_2 x$
   (c) $f(x) = \log_{1,2} x$
   (d) $f(x) = \log_{0,5} x$
   (e) $f(x) = \log_{\frac{1}{4}} x$
   (f) $f(x) = \log_{0,1} x$

3. Em cada caso, construa os gráficos de f e f^{-1} em um mesmo sistema.
   (a) $f(x) = \log_3 x$
   (b) $f(x) = \log_{\frac{1}{3}} x$
   (c) $f(x) = \log_2 x^{\frac{5}{4}}$
   (d) $f(x) = \log_2 \sqrt{x}$
   (e) $f(x) = 1 + \log_3 \left(\frac{x}{3}\right)$
   (f) $f(x) = 2 + \log_{0,2}(x+1)$

4. Construa o gráfico das seguintes funções.
   (a) $f(x) = \log_2 |x|$
   (b) $f(x) = |\log_{\frac{1}{2}} x|$
   (c) $f(x) = |\log_2 |x||$

9 Tópicos de Trigonometria

A *Trigonometria* (do grego: *trigonon* = triângulo e *metria* = medida) é o ramo da Matemática que estuda a relação entre os comprimentos dos lados de um triângulo retângulo, para os diversos valores de um dos seus ângulos agudos. Esse ramo da Matemática é muito antigo, surgiu a cerca de 300 a.C. entre os gregos, para resolver problemas de Astronomia Pura[1]. Atualmente a trigonometria está presente praticamente em todas as áreas do conhecimento, pois muitas são as suas aplicações[2] e por isso seu estudo é sempre de muita importância.

9.1 Medida de ângulos

Dada uma circunferência com centro em O, como mostrada na figura 9.1, medimos o arco α pela medida do ângulo central θ correspondente.

Aqui definiremos os dois sistemas mais utilizados para medida de ângulos: grau e radiano.

Grau: dividindo a circunferência em 360 partes iguais, definimos 1 grau como o ângulo correspondente a 1/360 de uma volta completa da circunferência, conforme mostrado na figura 9.2a. Notação: 1°.

---

[1] Suas primeiras aplicações práticas ocorrem em 150 d.C. com Ptolemaios que, além de continuar aplicando-a nos estudos astronômicos, a usou para determinar a latitude e longitude de cidades e de outros pontos geográficos em seus mapas.

[2] Pode-se citar, por exemplo, as aplicações na astronomia (especialmente para localização de posições aparentes de objetos celestes, em qual a trigonometria esférica é essencial), navegação (nos oceanos, em aviões e no espaço), teoria musical, acústica, óptica, análise de mercado, eletrônica, teoria da probabilidade, estatística, biologia, equipamentos médicos (por exemplo, Tomografia Computadorizada e Ultrassom), farmácia, química, teoria dos números (e portanto criptografia), sismologia, meteorologia, oceanografia, muitas das ciências físicas, solos (inspeção e geodésia), arquitetura, fonética, economia, engenharia, gráficos

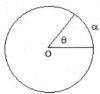

Figura 9.1: Ângulo central e arco em uma circunferência.

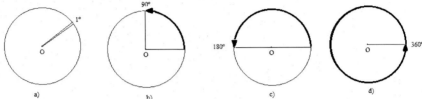

Figura 9.2: Medida de ângulos em graus.

Dessa forma, a volta completa na circunferência compreende um ângulo de 360°, conforme mostrado na figura 9.2d. Ângulos de 90°, correspondente a um quarto da circunferência e de 180°, também são mostrados na mesma figura.

Radiano: 1 radiano é um ângulo correspondente a um arco de mesmo comprimento do raio da circunferência. A representação de um radiano em uma circunferência de raio r é mostrada na figura 9.3. Notação: 1 rad.

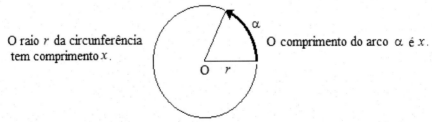

Figura 9.3: Representação de um radiano.

Para determinarmos quantos radianos possui uma volta completa da circunferência, devemos responder a seguinte questão: quantas vezes o comprimento

---

computadorizados, cartografia, cristalografia e desenvolvimento de jogos.

do raio r cabe na circunferência? A resposta dessa questão nos é dada pela geometria plana: uma circunferência de raio r tem comprimento $2\pi r$:

$$C = 2\pi r \Rightarrow \frac{C}{r} = 2\pi.$$

Então uma volta da circunferência corresponde a um ângulo de 2π radianos. Na figura 9.4, mostramos o ângulo de 2π radianos e o os ângulos correspondentes a meia volta da circunferência e também um quarto dela.

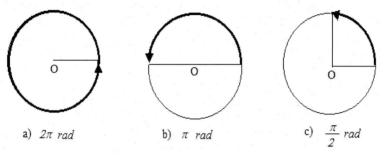

a) 2π rad b) π rad c) $\frac{\pi}{2}$ rad

Figura 9.4: Representação de alguns ângulos em radiano.

Comparando a figura 9.3 com a figura 9.4, observamos que há uma equivalência entre os ângulos em graus e em radianos. Na tabela 9.1 apresentamos essas equivalências.

Tabela 9.1: Equivalência entre graus e radianos.

Graus	Radianos
0	0 rad
90	$\frac{\pi}{2}$ rad
180	π rad
270	$\frac{3\pi}{2}$ rad
360	2π rad

Esta mesma equivalência pode ser notada no círculo da figura 9.5, também denominado de *Círculo Trigonométrico*, cujo raio vale um.

Neste círculo, os ângulos crescem (ângulos positivos) no sentido anti-horário e decrescem (ângulos negativos) no sentido horário.

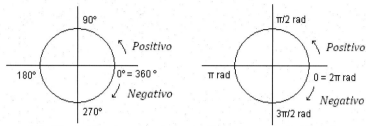

Figura 9.5: Equivalência em graus e radianos no *Ciclo Trigonométrico*.

Observação 9.1 Para outros ângulos a equivalência entre graus e radianos pode ser obtida por uma regra de três simples.

Da tabela 9.1, ou da figura 9.5, sabemos que $180°$ corresponde a $\pi\ rad$, portanto, podemos escrever

$$180° \dashrightarrow \pi\ rad$$
$$\theta \dashrightarrow x\ rad$$

Assim, basta sabermos o valor do ângulo θ em graus para obtermos $x\ rad$, ou termos $x\ rad$ para obtermos θ em graus.

Exemplo 9.1 Determine a medida do ângulo $\dfrac{5\pi}{4} rad$ em graus.

Solução

Temos a medida do ângulo em radianos, assim $x = \dfrac{5\pi}{4} rad$. Montando então a regra de três

$$180° \dashrightarrow \pi\ rad$$
$$\theta \dashrightarrow \dfrac{5\pi}{4}\ rad$$

obtemos

$$180 \cdot \dfrac{5\pi}{4} = \pi \cdot \theta \Rightarrow 180 \cdot \dfrac{5\pi}{4\pi} = \theta \Rightarrow \theta = 225°.$$

9.2 Exercícios

1. Determine a medida do ângulo $\dfrac{3\pi}{5} rad$ em graus.

2. Determine a medida do ângulo $\dfrac{7\pi}{4} rad$ em graus.

3. Determine a medida do ângulo $\dfrac{8\pi}{3} rad$ em graus.

4. Determine a medida do ângulo $\dfrac{2\pi}{9} rad$ em graus.

5. Determine a medida do ângulo $126°$ em radianos.

6. Determine a medida do ângulo $330°$ em radianos.

7. Determine a medida do ângulo $1024°$ em radianos e indique em qual quadrante está este ângulo.

8. Determine a medida do ângulo $980°$ em radianos e indique em qual quadrante está este ângulo.

9.3 Razões trigonométricas para o triângulo retângulo

O estudo da trigonometria inicia-se com o estudo do *triângulo retângulo*, que possui um dos seus ângulos internos igual a $90°$ (ângulo reto). Na figura 9.6, temos um triângulo retângulo de vértices A, B, C.

No triângulo retângulo:

- Denotamos por letras minúsculas, o lado oposto a cada vértice. Assim a, b, c são os lados do triângulo que ficam opostos aos vértices A, B, C, respectivamente.

- Denotamos os dois outros ângulos internos por letras gregas, neste caso, por β e θ.

- Lembre que $\beta + \theta = 90°$, pois a soma dos ângulos internos de um triângulo é sempre $180°$.

- Os lados recebem nomes especiais: a é a hipotenusa, b e c são os catetos.

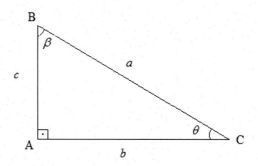

Figura 9.6: Triângulo retângulo qualquer (um ângulo reto).

- A hipotenusa sempre será o lado de maior comprimento, pois fica oposto ao maior ângulo, que é 90°.

- Se nos referirmos especificamente a um dos ângulos internos, podemos usar os termos cateto oposto e cateto adjacente para nomear os lados b e c. Assim temos que

    - b é o cateto oposto ao ângulo β e c é o cateto adjacente a esse ângulo;
    - c é o cateto oposto ao ângulo θ e b é o cateto adjacente a esse ângulo.

- É válido o *teorema de Pitágoras*[3]: $a^2 = b^2 + c^2$.

Exemplo 9.2 Verifique se o triângulo de lados 6 cm, 8 cm e 10 cm é um triângulo retângulo.

Solução

Como o lado maior é 10 cm, esse valor deve corresponder à hipotenusa e 6 cm e 8 cm, às medidas dos catetos. Aplicando então no teorema de Pitágoras

$$a^2 = b^2 + c^2 \Rightarrow 10^2 = 6^2 + 8^2$$
$$\Rightarrow 100 = 36 + 64 \Rightarrow 100 = 100.$$

---

[3]Pitágoras de Samos (570 a.C. - 497 a.C.) foi um filósofo e matemático grego . A maior descoberta de Pitágoras ou dos seus discípulos deu-se no domínio da geometria e se refere às relações entre os lados do triângulo retângulo. A descoberta foi enunciada no famoso teorema de Pitágoras.

Como obtivemos uma igualdade, concluímos que é um triângulo retângulo.

O teorema de Pitágoras não é a única relação que existe entre os lados de um triângulo retângulo. Existem as razões trigonométricas, que são relações entre dois lados do triângulo, bastante importante, pelas suas inúmeras aplicações. Vejamos o exemplo a seguir.

Exemplo 9.3 Considere os triângulos retângulos apresentados na figura a seguir e calcule, para cada um deles, a razão

$$\frac{\text{cateto adjacente a } 60°}{\text{hipotenusa}}.$$

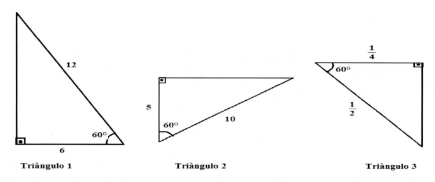

Figura 9.7: Triângulos retângulos do exemplo 9.3.

Solução

Para cada triângulo, devemos identificar o valor da hipotenusa e do cateto adjacente ao ângulo de 60° para calcularmos a razão. Assim

(a) para o triângulo 1, temos $\dfrac{\text{cateto adjacente a } 60°}{\text{hipotenusa}} = \dfrac{6}{12} = \dfrac{1}{2};$

(b) para o triângulo 2, temos $\dfrac{\text{cateto adjacente a } 60°}{\text{hipotenusa}} = \dfrac{5}{10} = \dfrac{1}{2};$

(c) para o triângulo 1, temos $\dfrac{\text{cateto adjacente a } 60°}{\text{hipotenusa}} = \dfrac{1/2}{1/4} = \dfrac{1}{2}.$

A partir desses resultados podemos observar que, independente do comprimento dos lados do triângulo retângulo, a razão

$$\frac{\text{cateto adjacente}}{\text{hipotenusa}}$$

para o ângulo de 60° sempre produz o mesmo resultado: $\frac{1}{2}$.

Esse não é um caso particular dos triângulos retângulos considerados no exemplo. Como essas razões são válidas para todos triângulos retângulos, adquirem nomenclatura especial e seus valores são tabelados, conforme estudaremos a seguir.

Assim, para um ângulo interno θ de um triângulo retângulo é possível definir seis razões trigonométricas conhecidas como *seno, cosseno, tangente, cotangente, secante* e *cossecante*. A que apresentamos no exemplo 9.3 é a definição da razão trigonométrica cosseno. Estudemos a definição de cada uma delas.

Considere o triângulo retângulo da figura 9.8.

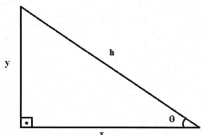

Figura 9.8: Triângulo retângulo.

Nesse triângulo, observamos que:

- h é a hipotenusa;

- em relação ao ângulo θ, y é o cateto oposto;

- x é o cateto adjacente a este ângulo θ.

Considerando essa notação, na tabela 9.2, apresentamos a definição das seis razões trigonométricas.

Tabela 9.2: Definição das razões trigonométricas.

Razões Trigonom.	Definição	Expressão equivalente
seno	$\text{sen}(\theta) = \dfrac{\text{Cateto Oposto a } \theta}{\text{Hipotenusa}} = \dfrac{y}{h}$	
cosseno	$\cos(\theta) = \dfrac{\text{Cateto Adjacente a } \theta}{\text{Hipotenusa}} = \dfrac{x}{h}$	
tangente	$\tan(\theta) = \dfrac{\text{Cateto Oposto a } \theta}{\text{Cateto Adjacente a } \theta} = \dfrac{y}{x}$	$\tan(\theta) = \dfrac{\text{sen}(\theta)}{\cos(\theta)}$
cotangente	$\cot(\theta) = \dfrac{\text{Cateto Adjacente a } \theta}{\text{Cateto Oposto a } \theta} = \dfrac{x}{y}$	$\cot(\theta) = \dfrac{\cos(\theta)}{\text{sen}(\theta)} = \dfrac{1}{\tan(\theta)}$
secante	$\sec(\theta) = \dfrac{\text{Hipotenusa}}{\text{Cateto Adjacente a } \theta} = \dfrac{h}{x}$	$\sec(\theta) = \dfrac{1}{\cos(\theta)}$
cossecante	$\csc(\theta) = \dfrac{\text{Hipotenusa}}{\text{Cateto Oposto a } \theta} = \dfrac{h}{y}$	$\csc(\theta) = \dfrac{1}{\text{sen}(\theta)}$

As expressões equivalentes que são apresentadas na terceira coluna da tabela 9.2, decorrem da manipulação algébrica das definições de seno e cosseno. Por exemplo

$$\frac{\text{sen}(\theta)}{\cos(\theta)} = \frac{y}{h} \div \frac{x}{h} = \frac{y}{h} \cdot \frac{h}{x} = \frac{y}{x},$$

que é a definição de tangente, conforme vemos na tabela. Assim

$$\frac{\text{sen}(\theta)}{\cos(\theta)} = \tan(\theta).$$

Deixamos ao leitor interessado a verificação das demais expressões equivalentes.

Exemplo 9.4 Considerando o triângulo 1, do exemplo 9.3, calcule

$$\text{sen}(60°), \cos(60°), \tan(60°), \cot(60°), \sec(60°) \text{ e } \csc(60°).$$

Solução

No triângulo 1, do exemplo 9.3, temos a medida do lado adjacente ao ângulo de 60°, que é $x = 6$ e da hipotenusa, $h = 12$. Para calcularmos todas as razões trigonométricas, precisamos determinar a medida do lado oposto ao ângulo de 60°. Faremos isto através do teorema de Pitágoras:

$$h^2 = y^2 + y^2 \Rightarrow 12^2 = y^2 + 6^2 \Rightarrow y^2 = 144 - 36 \Rightarrow y = \sqrt{108} = 6\sqrt{3}.$$

Temos então que

$$\text{sen}(60°) = \frac{\text{Cateto Oposto a } 60°}{\text{Hipotenusa}} = \frac{6\sqrt{3}}{12} = \frac{\sqrt{3}}{2}$$

$$\cos(60°) = \frac{\text{Cateto Adjacente a } 60°}{\text{Hipotenusa}} = \frac{6}{12} = \frac{1}{2}$$

$$\tan(60°) = \frac{\text{sen}(60°)}{\cos(60°)} = \frac{\sqrt{3}}{2} \div \frac{1}{2} = \sqrt{3}$$

$$\cot(60°) = \frac{\cos(60°)}{\text{sen}(60°)} = \frac{1}{2} \div \frac{\sqrt{3}}{2} = \frac{\sqrt{3}}{3}$$

$$\sec(60°) = \frac{1}{\cos(60°)} = 1 \div \frac{1}{2} = 2$$

$$\csc(60°) = \frac{1}{\text{sen}(60°)} = 1 \div \frac{\sqrt{3}}{2} = \frac{2\sqrt{3}}{3}.$$

Exemplo 9.5 Um menino, de 1,2 m de altura, utilizou todos os 20 m de barbante para empinar uma pipa. Se ele, de pé, enxerga sua pipa sob um ângulo de 60°, a que altura do solo, aproximadamente, ela se encontra?

Solução

Fazendo uma representação do problema, obtemos

Da figura 9.9, observamos que a altura da pipa que desejamos determinar corresponde a soma da medida do lado oposto ao ângulo de 60°, que chamaremos de x, com a altura do menino.

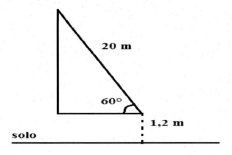

Figura 9.9: Representação do exemplo 9.5.

Para determinarmos a medida do lado x, usaremos a razão trigonométrica calculada no exemplo anterior: $\text{sen}\,(60°) = \dfrac{\sqrt{3}}{2}$, pois x é o cateto oposto e 20, corresponde à hipotenusa do triângulo.
Assim

$$\text{sen}\,(60°) = \frac{\sqrt{3}}{2} \Rightarrow \frac{\text{Cateto Oposto a } 60°}{\text{Hipotenusa}} = \frac{\sqrt{3}}{2}$$
$$\Rightarrow \frac{x}{20} = \frac{\sqrt{3}}{2}$$
$$\Rightarrow x = 10\sqrt{3}.$$

Portanto, a altura da pipa em relação ao solo é $h = 1,2 + 10\sqrt{3}$, aproximadamente 14 m.

Através desse exemplo bem simples, podemos observar que as razões trigonométricas auxiliam a resolução de muitos problemas. Como estes valores são muito utilizados, encontram-se tabelados para diferentes valores de um ângulo θ e, atualmente, podem ser facilmente calculados através de calculadoras científicas. Na seção a seguir, vamos apresentar as razões trigonométricas dos ângulos mais usuais.

9.4 Razões trigonométricas dos ângulos mais comuns

Nesta seção apresentaremos uma forma de determinar as razões trigonométricas dos ângulos 30°, 45° e 60° e depois apresentamos valores também para outros ângulos, mais usuais em exercícios e aplicações.

Da geometria, temos que a diagonal de um quadrado divide-o em dois triângulos retângulos isósceles (pois dois dos seus lados tem a mesma medida l), com ângulos internos de 45°, conforme podemos observar na figura 9.10.

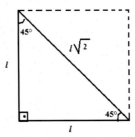

Figura 9.10: Triângulo retângulo isósceles.

Neste triângulo, a medida da hipotenusa é $l\sqrt{2}$ (verifique aplicando o teorema de Pitágoras) e dos catetos, l. Como as razões trigonométricas independem de l, tomemos $l = 1$ e calculemos as razões trigonométricas para o ângulo de 45°:

$$\text{sen}(45°) = \frac{\text{Cateto Oposto a } 45°}{\text{Hipotenusa}} = \frac{1}{\sqrt{2}} = \frac{\sqrt{2}}{2}$$

$$\cos(45°) = \frac{\text{Cateto Adjacente a } 45°}{\text{Hipotenusa}} = \frac{1}{\sqrt{2}} = \frac{\sqrt{2}}{2}$$

$$\tan(45°) = \frac{\text{Cateto Oposto a } 45°}{\text{Cateto Adjacente a } 45°} = \frac{1}{1} = 1.$$

A partir dessas três razões trigonométricas, podemos determinar as demais:

$$\cot(45°) = \frac{1}{\tan(45°)} = 1; \quad \sec(45°) = \frac{1}{\cos(45°)} = \frac{2}{\sqrt{2}} = \sqrt{2};$$

$$\csc(45°) = \frac{1}{\text{sen}(45°)} = \sqrt{2}.$$

Agora, para obtermos as razões trigonométricas de 30° e 60°, consideremos a divisão do triângulo equilátero[4] pela sua bissetriz[5], como mostrado na figura 9.11.

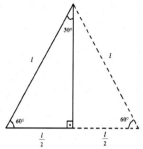

Figura 9.11: Triângulo retângulo com ângulos internos de 30° e 60°.

Como as razões trigonométricas independem do comprimento l do triângulo, novamente consideramos $l = 1$. Assim, teremos que a hipotenusa e um dos catetos, medem, respectivamente, 1 e $\frac{1}{2}$. O outro cateto, que corresponde a altura do triângulo, pode ser determinado através do teorema de Pitágoras:

$$1^2 = \left(\frac{1}{2}\right)^2 + h^2 \Rightarrow h^2 = 1 - \frac{1}{4} \Rightarrow h = \sqrt{\frac{3}{4}} = \frac{\sqrt{3}}{2}.$$

Calculamos então as razões trigonométricas:

$$\operatorname{sen}(30°) = \frac{\text{Cateto Oposto a } 30°}{\text{Hipotenusa}} = \frac{1}{\sqrt{2}} \div 1 = \frac{1}{2}$$

$$\cos(30°) = \frac{\text{Cateto Adjacente a } 30°}{\text{Hipotenusa}} = \frac{\sqrt{3}}{2} \div 1 = \frac{\sqrt{3}}{2}$$

$$\tan(30°) = \frac{\text{Cateto Oposto a } 30°}{\text{Cateto Adjacente a } 30°} = \frac{1}{2} \div \frac{\sqrt{3}}{2} = \frac{\sqrt{3}}{3}$$

$$\operatorname{sen}(60°) = \frac{\text{Cateto Oposto a } 60°}{\text{Hipotenusa}} = \frac{\sqrt{3}}{2} \div 1 = \frac{\sqrt{3}}{2}$$

$$\cos(60°) = \frac{\text{Cateto Adjacente a } 60°}{\text{Hipotenusa}} = \frac{1}{2} \div 1 = \frac{1}{2}$$

$$\tan(60°) = \frac{\text{Cateto Oposto a } 60°}{\text{Cateto Adjacente a } 60°} = \frac{\sqrt{3}}{2} \div \frac{1}{2} = \sqrt{3}.$$

---
[4]Um triângulo equilátero possui todos os seus lados congruentes, ou seja, os lados possuem a mesma medida. Todos os seus ângulos internos são congruentes, medem 60°.
[5]Mediana é o segmento de reta que parte de um vértice do triângulo, indo até o seu lado oposto, dividindo o ângulo em dois ângulos congruentes.

Além dos resultados acima, podemos obter facilmente outros valores para alguns ângulos específicos, apresentados também na tabela 9.3, que pode ser usada como referência básica das razões trigonométricas, útil em momentos de estudos e aplicações.

Tabela 9.3: Razões trigonométricas dos ângulos mais comuns.

	0°	30°	45°	60°	90°	180°	270°	360°
sen	0	$\frac{1}{2}$	$\frac{\sqrt{2}}{2}$	$\frac{\sqrt{3}}{2}$	1	0	-1	0
cos	1	$\frac{\sqrt{3}}{2}$	$\frac{\sqrt{2}}{2}$	$\frac{1}{2}$	0	-1	0	1
tan	0	$\frac{\sqrt{3}}{3}$	1	$\sqrt{3}$	não existe	0	não existe	0

9.5 Identidades trigonométricas

Uma relação importante entre as razões trigonométricas é denominada *relação trigonométrica fundamental*. As mais elementares são dadas em seguida e são consequências imediatas das definições das razões trigonométricas (essas identidades também são válidas para as funções trigonométricas a serem vistas posteriormente).

Como visto na seção anterior, $\text{sen}(\theta) = \frac{y}{h}$, consequentemente, $y = h\,\text{sen}(\theta)$. Da mesma forma, de $\cos(\theta) = \frac{x}{h}$ decorre que $x = h\cos(\theta)$.

Assim, considerando o triângulo retângulo da figura 9.12,

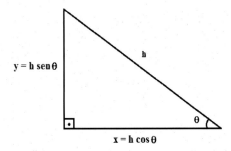

Figura 9.12: Relação entre os lados do triângulo retângulo e as razões seno e cosseno.

podemos demonstrar pelo teorema de Pitágoras, uma das mais úteis identidades da trigonometria:

$$y^2 + x^2 = h^2$$
$$(h\operatorname{sen}\theta)^2 + (h\cos(\theta))^2 = h^2$$
$$\operatorname{sen}^2(\theta) + \cos^2(\theta) = 1. \qquad (9.1)$$

A partir dessa relação fundamental, podemos obter outras duas identidades trigonométricas.

Ao dividirmos ambos os lados da equação (9.1) por $\cos^2(\theta)$ e usarmos as relações:
$$\tan(\theta) = \frac{\operatorname{sen}(\theta)}{\cos(\theta)} \quad \text{e} \quad \sec(\theta) = \frac{1}{\cos(\theta)},$$
obteremos:
$$\tan^2(\theta) + 1 = \sec^2(\theta).$$

De forma similar, se dividirmos ambos os lados da equação (9.1) por $\operatorname{sen}^2(\theta)$ e usarmos as relações:
$$\cot(\theta) = \frac{\cos(\theta)}{\operatorname{sen}(\theta)} \quad \text{e} \quad \csc(\theta) = \frac{1}{\operatorname{sen}(\theta)},$$
obteremos:
$$1 + \cot^2(\theta) = \csc^2(\theta).$$

Portanto, para qualquer que seja o ângulo θ, temos as seguintes relações trigonométricas

$$\boxed{\begin{array}{c} \operatorname{sen}^2(\theta) + \cos^2(\theta) = 1 \\[6pt] \tan^2(\theta) + 1 = \sec^2(\theta) \\[6pt] 1 + \cot^2(\theta) = \csc^2(\theta). \end{array}}$$

As relações para os lados do triângulo retângulo, $y = h\operatorname{sen}(\theta)$ e $x = h\cos(\theta)$, mostradas na figura 9.12, quando tomadas com $h = 1$ resultam em

$$y = \operatorname{sen}(\theta) \quad \text{e} \quad x = \cos(\theta),$$

levando a definir no círculo trigonométrico, o eixo x como sendo o eixo dos cossenos e y, o dos senos.

Assim, representado o arco de ângulo θ, no círculo trigonométrico, conforme mostra a figura 9.13(a), as coordenadas do ponto (x_1, y_1) correspondem aos valores de sen (θ) e $\cos(\theta)$:

$$x_1 = \text{sen}\,(\theta) \quad x_2 = \cos(\theta).$$

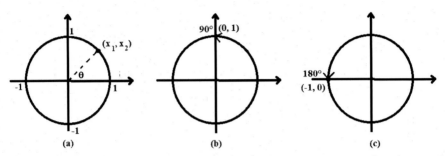

Figura 9.13: Determinação dos valores de seno e cosseno no círculo trigonométrico.

Podemos então a partir do círculo trigonométrico determinar os valores de sen (θ) e $\cos(\theta)$ para qualquer ângulo θ. Por exemplo, para o arco de $\dfrac{\pi}{2}$ rad, que corresponde a um ângulo central de $90°$, observamos na figura 9.13(b) que a extremidade do arco coincidiu com o ponto $(0,1)$, ou seja $x = 0$ e $y = 1$, de onde concluímos então que $\cos(90°) = 0$ e sen $(90°) = 1$. Na figura 9.13(c), representamos um arco de π rad, que corresponde a um ângulo central de $180°$ e observamos que a extremidade do arco coincidiu com o ponto $(-1, 0)$, de onde concluímos então que $\cos(180°) = -1$ e sen $(180°) = 0$.

O círculo trigonométrico também nos auxilia a deduzirmos outras relações trigonométricas. Considerando um ângulo $\theta > 0$, temos que $-\theta$ é um ângulo de mesma medida de θ, mas no sentido anti-horário, conforme mostrado na figura 9.14(a).

Notamos então que

$$\begin{aligned} \text{sen}\,(\theta) &= x_2 \quad \text{e} \quad \text{sen}\,(-\theta) = -x_2; \\ \cos(\theta) &= x_1 \quad \text{e} \quad \cos(-\theta) = x_1. \end{aligned}$$

Isto nos leva a concluir que, para qualquer ângulo θ, temos:

$$\text{sen}\,(-\theta) = -\text{sen}\,(\theta) \tag{9.2}$$

e

$$\cos(-\theta) = \cos(\theta). \tag{9.3}$$

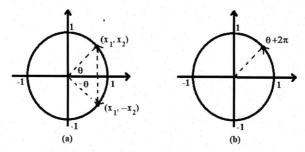

Figura 9.14: Propriedades de seno e cosseno no círculo trigonométrico.

Observamos ainda, pela figura 9.14(b), que os ângulos θ e $\theta + 2\pi$ têm a mesma posição no círculo trigonométrico, daí podemos concluir que:

$$\operatorname{sen}(\theta + 2\pi) = \operatorname{sen}(\theta)$$

e

$$\cos(\theta + 2\pi) = \cos(\theta).$$

9.6 Identidades trigonométricas da adição e subtração

As demais identidades trigonométricas são consequências de duas identidades básicas chamadas *fórmulas da adição*:

$$\operatorname{sen}(\theta + \alpha) = \operatorname{sen}(\theta)\cos(\alpha) + \cos(\theta)\operatorname{sen}(\alpha) \tag{9.4}$$

e

$$\cos(\theta + \alpha) = \cos(\theta)\cos(\alpha) - \operatorname{sen}(\theta)\operatorname{sen}(\alpha). \tag{9.5}$$

Substituindo α por $-\alpha$ nas equações (9.4) e (9.5), e usando as equações (9.2) e (9.3), obtemos as seguintes *fórmulas de subtração*:

$$\operatorname{sen}(\theta - \alpha) = \operatorname{sen}(\theta)\cos(\alpha) - \cos(\theta)\operatorname{sen}(\alpha) \tag{9.6}$$

e

$$\cos(\theta - \alpha) = \cos(\theta)\cos(\alpha) + \operatorname{sen}(\theta)\operatorname{sen}(\alpha). \tag{9.7}$$

A demonstração da fórmula da subtração é uma sugestão de exercício proposto ao final desta seção.

Dividindo as fórmulas das equações (9.4) por (9.5) e (9.6) por (9.7), obtemos as fórmulas correspondentes para $\tan(\theta \pm \alpha)$:

$$\tan(\theta + \alpha) = \frac{\tan(\theta) + \tan(\alpha)}{1 - \tan(\theta)\tan(\alpha)}$$

e

$$\tan(\theta - \alpha) = \frac{\tan(\theta) - \tan(\alpha)}{1 + \tan(\theta)\tan(\alpha)}.$$

Ao colocarmos $\alpha = \theta$ nas fórmulas de adição, obteremos as *fórmulas dos arcos duplos*:

$$\text{sen}(2\theta) = 2\text{sen}(\theta)\cos(\theta)$$

e

$$\cos(2\theta) = \cos^2(\theta) - \text{sen}^2(\theta).$$

Usando a identidade da equação (9.1), obtemos uma forma alternativa das fórmulas dos arcos duplos para $\cos(2\theta)$:

$$\cos(2\theta) = 2\cos^2(\theta) - 1$$

e

$$\cos(2\theta) = 1 - 2\text{sen}^2(\theta).$$

Então, se isolarmos $\cos^2(\theta)$ e $\text{sen}^2(\theta)$ nestas equações, obteremos as *fórmulas do arco-metade*, que são:

$$\cos^2(\theta) = \frac{1 + \cos(2\theta)}{2}$$

e

$$\text{sen}^2(\theta) = \frac{1 - \cos(2\theta)}{2}.$$

Para finalizar, obtemos as fórmulas do produto, que podem ser deduzidas das fórmulas da soma e subtração.

$$\text{sen}(\theta)\cos(\alpha) = \frac{1}{2}[\text{sen}(\theta + \alpha) + \text{sen}(\theta - \alpha)],$$

$$\cos(\theta)\cos(\alpha) = \frac{1}{2}[\cos(\theta + \alpha) + \cos(\theta - \alpha)],$$

e

$$\text{sen}(\theta)\text{sen}(\alpha) = \frac{1}{2}[\cos(\theta - \alpha) - \cos(\theta + \alpha)].$$

Exemplo 9.6 Se um triângulo tiver lados com comprimentos a, b, c e θ for um ângulo entre os lados com comprimentos a e b, como mostrado na figura 9.15, então

$$c^2 = a^2 + b^2 - 2ab\cos(\theta).$$

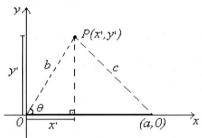

Figura 9.15: Triângulo com lados a, b e c.

Solução

Esta relação é chamada *Lei dos Cossenos* para o ângulo θ e sua demonstração pode ser obtida a partir da figura 9.15. No triângulo retângulo da esquerda temos

$$\cos(\theta) = \frac{x'}{b} \quad \Rightarrow \quad x' = b\cos(\theta) \tag{9.8}$$

$$b^2 = x'^2 + y'^2 \quad \Rightarrow \quad y'^2 = b^2 - x'^2. \tag{9.9}$$

No triângulo retângulo da direita temos

$$c^2 = y'^2 + (a - x')^2 = y'^2 + a^2 - 2ax' + x'^2. \tag{9.10}$$

Substituindo as equações (9.8) e (9.9) na equação (9.10), obtemos

$$c^2 = b^2 - x'^2 + a^2 - 2ab\cos(\theta) + x'^2$$

$$c^2 = a^2 + b^2 - 2ab\cos(\theta),$$

que é a *Lei dos Cossenos* para o ângulo θ.

Uma tabela com as identidades trigonométricas é apresentada no apêndice B.

Nas próximas seções faremos um estudo das funções trigonométricas seno, cosseno, tangente, cotangente, secante e cossecante. Como essas funções são definidas a partir do círculo trigonométrico, são chamadas de funções periódicas ou com repetições e têm aplicação em diversos fenômenos com oscilações, como vibrações mecânicas, corrente alternada, pressão sanguínea no sistema circulatório, entre outros.

9.7 Exercícios

1. Dois lados de um triângulo têm comprimento de $10cm$ e $12cm$ e formam um ângulo de $45°$. Encontre a área do triângulo.

2. Seja ABC um triângulo cujos os ângulos em A e B são $75°$ e $60°$, respectivamente. Se o lado oposto ao ângulo B tem comprimento igual a $10cm$, encontre os comprimentos dos lados restantes e o ângulo em C.

3. De um ponto ao nível do chão a 200 pés de um prédio, o ângulo de elevação até o topo do prédio é de $15°$. Encontre a altura do prédio e expresse sua resposta até o pé mais próximo.

4. Um observador ao nível do chão está a uma distância x de um prédio. Os ângulos de elevação da base ao topo de janela são α e β, respectivamente. Encontre a distância h entre a base da janela e o topo do prédio em termos α, β e x.

5. Se $\tan(\alpha) = \dfrac{5}{2}$ e $\tan(\beta) = 3$, onde $0 < \alpha < \dfrac{\pi}{2}$ e $0 < \beta < \dfrac{\pi}{2}$, obtenha

    (a) $\operatorname{sen}(\alpha + \beta)$;

    (b) $\cos(\alpha - \beta)$.

6. Demonstre a fórmula da subtração usando a figura 9.16:

    $\cos(\alpha - \beta) = \cos(\alpha)\cos(\beta) + \operatorname{sen}(\alpha)\operatorname{sen}(\beta)$.

9.8 Função seno

Definição 9.1 Se x é um arco variável dentro do círculo trigonométrico e associa-se a cada número real x um único valor para $\operatorname{sen}(x)$, então podemos definir a função $f(x) = \operatorname{sen}(x)$.

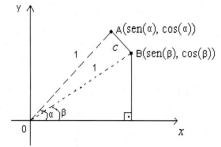

Figura 9.16: Triângulos do exercício (6).

O gráfico desta função é chamado de *senoide* e é mostrado na figura 9.17, para valores de x pertencentes ao intervalo $[0, 2\pi]$.

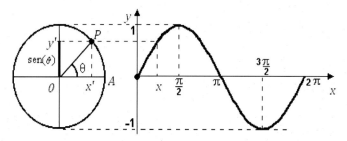

Figura 9.17: Gráfico de $y = \text{sen}(x)$.

Na figura 9.17, podemos observar que ao movimentar o ponto P pelo círculo, a distância de O até y' varia de -1 a 1. Estes comprimentos, partindo do ângulo zero grau (sendo os arcos representados pelo eixo x do gráfico) e seguindo no sentido anti-horário geram o gráfico da senoide. Assim, podemos entender que:

- x pode assumir qualquer valor real, logo o domínio da senoide é a reta real: $D(f) = \mathbb{R}$;

- os valores máximo e mínimo, são respectivamente 1 e -1, então $Im(f) = [-1, 1]$;

- como $\text{sen}(\theta + 2\pi) = \text{sen}(\theta)$, podemos verificar que a função seno é periódica, isto é, o período T de uma função trigonométrica f é o menor valor T tal que $f(x) = f(x + T)$ para todo x. No caso da função seno, seu período é 2π. Graficamente, significa que a curva se repete num intervalo de 2π;

- a função $f(x) = \text{sen}\,(x)$ é positiva no primeiro e segundo quadrantes (ordenada positiva) e é negativa no terceiro e quarto quadrantes (ordenada negativa);

- a função seno é uma função ímpar, pois

$$\text{sen}\,(-\theta) = -\text{sen}\,(\theta).$$

Definição 9.2 A *amplitude* de oscilação A_m de uma função trigonométrica é a metade da diferença entre o valor máximo e o valor mínimo da função, ou seja,

$$A_m = \frac{y_{max} - y_{min}}{2}.$$

Assim a função $y = \text{sen}\,x$, tem amplitude 1, pois

$$A_m = \frac{y_{max} - y_{min}}{2} = \frac{1 - (-1)}{2} = 1.$$

Observação 9.2 Podemos obter as seguintes variações para o gráfico da senoide:

- $y = \text{sen}\,(x + k)$, que corresponde a um deslocamento horizontal;
- $y = \text{sen}\,(x) + k$, que corresponde a um deslocamento vertical;
- $y = k\text{sen}\,(x)$, que corresponde a uma compressão ou alongamento vertical, pois a amplitude irá variar dependendo do valor de k;
- $y = \text{sen}\,(kx)$, que corresponde a uma compressão ou alongamento horizontal, pois o período irá variar dependendo do valor de k. Nesse caso, o novo período pode ser calculado por $T = \dfrac{2\pi}{k}$
- $y = \text{sen}\,(kx)$, que corresponde a uma reflexão em torno do eixo x.

Exemplo 9.7 Represente graficamente as seguintes funções:
(a) $y = \text{sen}\,\left(x + \dfrac{\pi}{2}\right)$
(b) $y = \text{sen}\,(2x)$
(c) $y = 2\text{sen}\,(x)$
(d) $y = -\text{sen}\,(x)$

Solução

A figura 9.18 mostra, respectivamente, o gráfico de cada uma dessas funções onde ocorreram:

(a) uma translação horizontal de $\dfrac{\pi}{2}$ unidades à esquerda;

(b) uma compressão horizontal, o período dessa nova função é $T = \dfrac{2\pi}{2} = \pi$;

(c) um alongamento vertical, a amplitude dessa função é $A = 2$;

(d) uma reflexão em torno do eixo x.

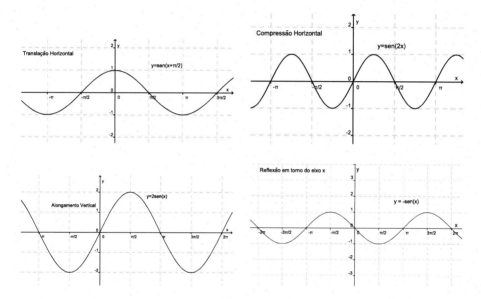

Figura 9.18: Gráficos das funções do exemplo 9.7.

9.9 Exercícios

1. Em cada caso, faça um esboço gráfico da função $f : \mathbb{R} \to \mathbb{R}$ dada.

(a) $f(x) = -\operatorname{sen} x$.

(b) $f(x) = 2\operatorname{sen} x$.

(c) $f(x) = -2\operatorname{sen} x$.

(d) $f(x) = \operatorname{sen} x + 1$.

(e) $f(x) = \operatorname{sen} x - 1$.

(f) $f(x) = \operatorname{sen}(x - \pi)$.

(g) $f(x) = \operatorname{sen}(\pi - x)$.

(h) $f(x) = \operatorname{sen}\left(x + \dfrac{\pi}{2}\right)$.

(i) $f(x) = \operatorname{sen}(-x)$.

(j) $f(x) = -\operatorname{sen}(-x)$.

(k) $f(x) = \operatorname{sen}(3x)$.

(l) $f(x) = \operatorname{sen}\left(\dfrac{x}{3}\right)$.

(m) $f(x) = \operatorname{sen}|x|$.

(n) $f(x) = |\operatorname{sen} x|$.

(o) $f(x) = |\operatorname{sen}|x||$.

(p) $f(x) = -|2\operatorname{sen} x|$.

(q) $f(x) = \operatorname{sen}|x - \tfrac{\pi}{2}|$.

(r) $f(x) = 1 - 3\operatorname{sen}|2x|$.

9.10 Função cosseno

Definição 9.3 Se x é um arco variável dentro do círculo trigonométrico e associa-se a cada número real x um único valor para $\cos(x)$, então podemos definir que $f(x) = \cos(x)$.

O gráfico desta função é mostrado na figura 9.19.

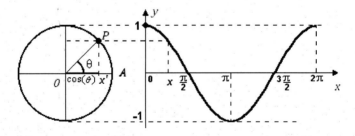

Figura 9.19: Gráfico de $y = \cos(x)$.

Podemos observar que ao movimentar o ponto P pelo círculo, a distância de O até x' varia de -1 a 1. Estes comprimentos, partindo do ângulo zero grau (sendo os arcos representados pelo eixo x do gráfico) e seguindo no sentido anti-horário geram o gráfico de $y = \cos(x)$. Assim, observamos que

- o domínio da função *cosseno* é a reta real: $D(f) = \mathbb{R}$;

- a imagem é o intervalo [-1, 1];

- como $\cos(\theta + 2\pi) = \cos(\theta)$, podemos verificar que a função cosseno é periódica de período
$$T = 2\pi;$$

- a função $f(x) = \cos(x)$ é positiva no primeiro e quarto quadrantes (ordenada positiva) e é negativa no segundo e terceiro quadrantes (ordenada negativa);

- a função cosseno é uma função par, pois $\cos(-\theta) = \cos(\theta)$.

Observação 9.3 As funções $f(x) = A_m \operatorname{sen}(\omega x)$ e $g(x) = A_m \cos(\omega x)$ possuem amplitude A_m e período
$$T = \frac{2\pi}{\omega},$$
onde ω é chamada de *frequência angular* e indica o número de ciclos completos em um intervalo de comprimento 2π.

9.11 Exercícios

1. Em cada caso, faça um esboço gráfico da função $f : \mathbb{R} \to \mathbb{R}$ dada.

   (a) $f(x) = \cos(-x)$.

   (b) $f(x) = -\cos(-x)$.

   (c) $f(x) = \cos(2x)$.

   (d) $f(x) = \cos(\pi x)$.

   (e) $f(x) = \cos\left(\dfrac{x}{2}\right)$.

   (f) $f(x) = 2\cos(3x)$.

   (g) $f(x) = 1 + \dfrac{1}{2}\cos(2x)$.

   (h) $f(x) = 1 - \cos(2\pi - x)$.

   (i) $f(x) = \dfrac{3}{2}\cos(\pi - x)$.

   (j) $f(x) = 1 + \cos(x + \dfrac{\pi}{2})$.

   (k) $f(x) = \cos x - 1$.

   (l) $f(x) = \cos|x|$.

   (m) $f(x) = |\cos x|$.

   (n) $f(x) = |\cos|x||$.

(o) $f(x) = |2\cos x|$.

(p) $f(x) = |1 - 2\cos x|$.

(q) $f(x) = 2\cos|x + \dfrac{3\pi}{2}|$.

(r) $f(x) = 1 - 2\cos|x + \dfrac{\pi}{4}|$.

9.12 Função tangente

Definição 9.4 Se x é um arco variável dentro do círculo trigonométrico e associa-se a cada número real x um único valor para $\tan(x)$, então podemos definir que $f(x) = \tan(x)$.

O gráfico desta função é mostrado na figura 9.20.

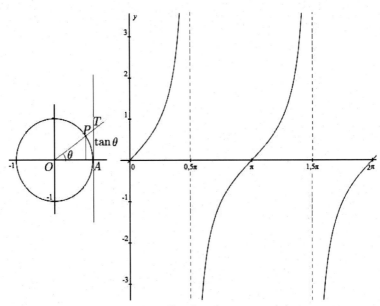

Figura 9.20: Gráfico de $y = \tan(x)$.

A distância de A até T é o valor de $\tan(\theta)$ no gráfico. Podemos observar que

- quando θ atinge $\pi/2$ e $3\pi/2$, a reta tangente ao círculo é paralela a reta vertical que passa em O, portanto estes ângulos (e todos que possam ser reduzidos para estes) não fazem parte do domínio da função

$f(x) = \tan(x)$, pois pelas retas que passam pelos pontos AT e OP ficarem paralelas elas não se cruzam; assim

$$D(f) = \left\{ x \in \mathbb{R} \mid x \neq \frac{(2k+1)\pi}{2}, k \in \mathbb{Z} \right\}$$

onde $2k+1$ representa uma expressão para números ímpares, quando substituímos k por um número inteiro;

- variando θ, podemos entender ainda que $\tan(x)$ é variável dentro do intervalo $(-\infty, \infty)$, que é o conjunto imagem desta função; assim

$$Im(f) = \mathbb{R};$$

- a função tangente é periódica, de período π;
- a função tangente é uma função ímpar, pois $\tan(-x) = -\tan(x)$.

9.13 Exercícios

1. Esboce o gráfico das seguintes funções:

    (a) $f(x) = \tan(-x)$
    (b) $f(x) = \tan(x - \frac{\pi}{2})$
    (c) $f(x) = |\tan x| - 2$
    (d) $f(x) = |\tan x - 2|$
    (e) $f(x) = \tan |x|$
    (f) $f(x) = \tan\left(\frac{x}{2}\right)$

9.14 Função cotangente

Definição 9.5 Se x é um arco variável dentro do círculo trigonométrico, associa-se a cada número real x um único valor para $\cot(x)$, então podemos definir $f(x) = \cot(x)$.

O gráfico desta função é mostrado na figura 9.21.

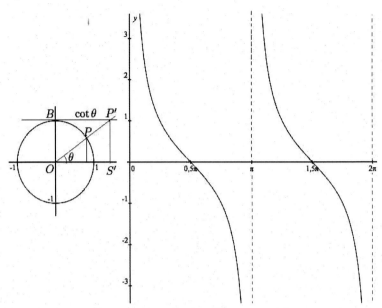

Figura 9.21: Gráfico de $y = \cot(x)$.

A distância de B até P' é o valor de $\cot(\theta)$ no gráfico. Podemos observar que

- quando θ atinge 0 e π, a reta tangente ao círculo é paralela a reta horizontal que passa em O, portanto estes ângulos (e todos que possam ser reduzidos para estes) não fazem parte do domínio da função $f(x) = \cot(x)$, pois pelo fato das retas que passam pelos pontos BP' e OS' ficarem paralelas, elas não se cruzam; assim

$$D(f) = \{x \in \mathbb{R} \mid x \neq k\pi,\ k \in \mathbb{Z}\};$$

- variando θ, podemos entender ainda que $\cot(x)$ é variável dentro do intervalo $(-\infty, \infty)$, que é o conjunto imagem desta função; assim

$$Im(f) = \mathbb{R};$$

- a função cotangente é periódica, de período π;

- a função cotangente é uma função ímpar: $\cot(-x) = -\cot(x)$.

Observação 9.4 A determinação do domínio da função cotangente também pode ser obtido a partir da definição da razão trigonométrica:

$$\cot(x) = \frac{\cos(x)}{\operatorname{sen}(x)},$$

pois para que a função seja bem definida o denominador não pode ser zero. Observamos que o denominador será zero quando:

$$\operatorname{sen}(x) = 0 \Leftrightarrow x = k\pi, k \in \mathbb{Z},$$

estes são então os ângulos que não pertencem ao domínio, coincidindo com o resultado determinado anteriormente.

Da mesma forma, o domínio da função tangente é

$$D(f) = \left\{ x \in \mathbb{R} \mid x \neq \frac{(2k+1)\pi}{2},\ k \in \mathbb{Z} \right\},$$

pois, para que a função esteja bem definida, o denominador não pode ser zero:

$$\cos(x) = 0 \Leftrightarrow x = \frac{(2k+1)\pi}{2}, k \in \mathbb{Z}.$$

9.15 Exercícios

1. Esboce o gráfico das seguintes funções:

    (a) $f(x) = 2 + \cot x$

    (b) $f(x) = 2 - \cot x$

    (c) $f(x) = -\cot(-x)$

    (d) $f(x) = -\cot(\pi - x)$

    (e) $f(x) = \left|\cot\left(\frac{x}{2}\right)\right| - 1$

    (f) $f(x) = \left|\left|\cot\left(\frac{x}{2}\right)\right| - 1\right|$

9.16 Função secante

Definição 9.6 Se x é um arco variável dentro do círculo trigonométrico e associa-se a cada número real x um único valor para $\sec(x)$, então podemos definir que $f(x) = \sec(x)$.

O gráfico desta função é mostrado na figura 9.22.

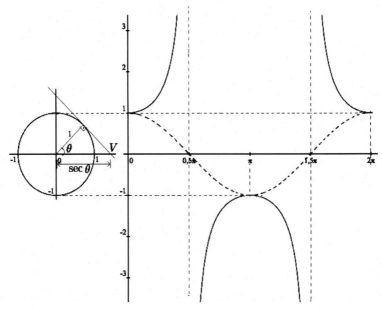

Figura 9.22: Gráfico de $y = \sec(x)$.

Graficamente, a distância de O até V é o valor de $\sec(\theta)$. Podemos observar que

- quando a reta tangente ao círculo é paralela a reta horizontal que passa em O, isto é, quando $\theta = \pi/2$ e $\theta = 3\pi/2$, as retas não se cruzam, logo os valores $\pi/2$ e $3\pi/2$ (e todos que possam ser reduzidos para estes) não fazem parte do domínio da função $f(x) = \sec(x)$; assim

$$D(f) = \{x \in \mathbb{R} | \, x \neq \frac{(2k+1)\pi}{2}, k \in \mathbb{R}\};$$

- quando θ é 0 e π, o valor de $\sec(\theta)$ é 1 e -1, respectivamente;

- variando θ, podemos observar ainda que $\sec(x)$ não assume valores no intervalo $(-1, 1)$, logo é variável dentro do intervalo

$$(-\infty, -1] \cup [1, \infty),$$

que é o conjunto imagem desta função;

- a função secante é periódica, de período π;
- a função secante é uma função par, pois

$$\sec(-x) = \frac{1}{\cos(-x)} = \frac{1}{\cos(x)} = \sec(x).$$

9.17 Função cossecante

Definição 9.7 Se x é um arco variável dentro do círculo trigonométrico e associa-se a cada número real x um único valor para $\csc(x)$, então podemos definir que $f(x) = \csc(x)$.

O gráfico desta função é mostrado na figura 9.23.

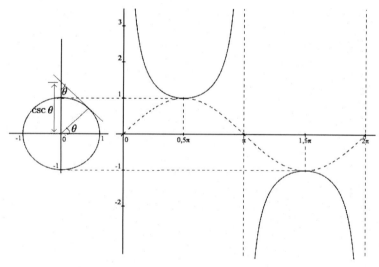

Figura 9.23: Gráfico de $y = \csc(x)$.

Graficamente, a distância de O até B é o valor de $\csc(\theta)$. Notamos ainda que

- quando a reta tangente ao círculo é paralela a reta vertical que passa em O, isto é, quando $\theta = 0$ e $\theta = \pi$, as retas não se cruzam, logo os valores 0 e π (e todos que possam ser reduzidos para estes) não fazem parte do domínio da função $f(x) = \csc(x)$; assim

$$D(f) = \{x \in \mathbb{R} \mid x \neq k\pi, k \in \mathbb{R}\};$$

- quando θ é $\pi/2$ e $3\pi/2$, o valor de $\csc(\theta)$ é 1 e -1, respectivamente;

- variando θ, podemos entender ainda que $\csc(x)$ é variável dentro do intervalo
$$(-\infty, -1] \cup [1, \infty),$$
que é o conjunto imagem desta função;

- a função cossecante possui período $T = 2\pi$;

- a função cossecante é uma função ímpar: $\csc(-x) = -\csc(x)$.

9.18 Exercícios

1. Esboce o gráfico das seguintes funções:

    (a) $f(x) = \dfrac{3}{2} \sec x$

    (b) $f(x) = 1 + \sec x$

    (c) $f(x) = \sec 2x$

    (d) $f(x) = \sec\left(x - \dfrac{\pi}{2}\right)$

    (e) $f(x) = |\sec x| - 3$

    (f) $f(x) = \sec |x|$

    (g) $f(x) = \sec |x - \pi|$

    (h) $f(x) = |\sec x - 1|$

(i) $f(x) = \left|\sec\left(x + \dfrac{\pi}{2}\right) + 2\right|$

(j) $f(x) = -\dfrac{1}{2}\csc x$

(k) $f(x) = 2 - \csc x$

(l) $f(x) = -\csc(-x)$

9.19 Exercícios Extras

1. Determine o domínio, a imagem e faça o gráfico de um período completo das funções dadas.

   (a) $f : \mathbb{R} \to \mathbb{R}$ dada por $f(x) = |3\operatorname{sen}(x)|$

   (b) $f : \mathbb{R} \to \mathbb{R}$ dada por $f(x) = \operatorname{sen}\left(\dfrac{x}{2}\right)$

   (c) $f : \mathbb{R} \to \mathbb{R}$ dada por $f(x) = \cos\left(x - \dfrac{\pi}{4}\right)$

   (d) $f : \mathbb{R} \to \mathbb{R}$ dada por $f(x) = 2\cos\left(x - \dfrac{\pi}{3}\right)$

   (e) $f : \mathbb{R} \to \mathbb{R}$ dada por $f(x) = \cos(x) + 4$

2. Esboce o gráfico e determine o período e a imagem da função $f(x) = \tan(2x)$.

3. Considere um diapasão vibrando a $440Hz$ e amplitude A, livre de interferências e sem perda de intensidade. Encontre uma função que representa a dispersão do som deste diapasão no ambiente. Represente graficamente e determine período desta função.

4. Determine o período e a imagem da função $y = \cos(4x)\operatorname{sen}(6x) + \operatorname{sen}(4x)\cos(6x)$.

5. Usando a definição de função par e ímpar, interprete graficamente as seguintes identidades trigonométricas:

   $\operatorname{sen}(-x) = -\operatorname{sen}(x)$ e $\cos(-x) = \cos(x)$.

6. Usando o círculo trigonométrico, verifique se a afirmativa é verdadeira ou falsa.

   (a) $\text{sen}\, 45° = \text{sen}\, 225°$

   (b) $\text{sen}\, 45° = \text{sen}\, 135°$

   (c) $\text{sen}\,(\pi + a) = -\text{sen}\,(a)$

   (d) $\tan \dfrac{11\pi}{6} = -\tan \dfrac{\pi}{6}$

   (e) $\cos 150° = \text{sen}\, 150°$

   (f) $\tan(2\pi - x) = \tan(x)$

   (g) $\tan(2\pi + x) = \tan(x)$

7. O *seno* de um ângulo agudo de medida x é o dobro do *seno* de um outro ângulo y. Nestas condições, determine o intervalo no qual está compreendido o ângulo y.

A   Anexos

A.1   Representação de dízimas periódicas na forma fracionária

Para obtermos a representação de uma dízima periódica em forma de fração, podemos seguir o seguinte procedimento:

1. Dada uma dízima periódica, a multiplicaremos por 10, até obtermos dois números com a mesma parte decimal.

    Por exemplo, dado o número racional $1,324545454\ldots$, calculamos

$$\begin{aligned} x &= 1,324545454\ldots \\ 10.x &= 13,24545454\ldots \\ 100.x &= 132,454545\ldots \\ 1000.x &= 1324,545454\ldots \\ 10000.x &= 13245,45454\ldots \end{aligned}$$

2. Subtraímos então as duas equações que possuem a mesma parte decimal.

    No exemplo em que estamos trabalhando, copiamos a quinta e a terceira equação, subtraindo-as:

    $10000.x = 13245,45454\ldots$

    $100.x = 132,454545\ldots$

    $9900.x = 13113$

3. Isolamos x na equação e obtemos então a representação fracionária da dízima periódica.

$$x = \frac{13113}{9900}.$$

A.2 Regra de sinais da multiplicação

Ao realizarmos uma multiplicação que envolve números positivos e negativos, estamos acostumados com os seguintes resultados

$$(-2).3 = -6$$
$$(-2).(-3) = 6,$$

ou seja, o produto de dois números com sinais diferentes é negativo e o produto de dois números com o mesmo sinal é positivo.

Aqui procuraremos apresentar uma justificativa desses resultados, inicialmente de uma maneira mais informal, para números inteiros, como os mostrados no exemplo anterior e a seguir, de uma forma mais geral, para todos os reais. Esses resultados são enunciados nas proposições a seguir.

Proposição A.1 *Sejam* $a, b \in \mathbb{N}$, *então:*

i) $a.(-b) = (-a).b = -(a.b)$

ii) $(-a).(-b) = a.b$

Demonstração   Note que, como a e b são números naturais, então $-a \leq 0$ é o simétrico de a e $-b \leq 0$ é o simétrico de b.

(i) Como a multiplicação é uma soma de parcelas iguais, podemos escrever

$$a.(-b) = \underbrace{(-b) + (-b) + (-b) + \ldots (-b)}_{a \text{ parcelas}} = -\underbrace{(b + b + b + \ldots + b)}_{a \text{ parcelas}} = -(a.b),$$

pois a soma de parcelas negativas é negativa.

(ii) Utilizando o item (i) da proposição e lembrando o fato de que o simétrico de um número negativo é um número positivo, ou seja, $-(-a) = a$, temos que:

$$(-a).(-b) = -[a.(-b)] = -[-a.b] = a.b.$$

Proposição A.2 *Sejam* $a, b \in \mathbb{R}$, *então:*

i) $a.(-b) = (-a).b = -(a.b)$

ii) $(-a).(-b) = a.b$

Demonstração   Para provarmos esses resultados, lembremos algumas propriedades conhecidas dos números reais. São elas:

- $a.0 = 0$, para qualquer $a \in \mathbb{R}$,

- a multiplicação é distributiva em relação à adição, ou seja, $a.(b+c) = a.b + a.c$,

- o zero é o elemento neutro da adição, que nos permite escrever, por exemplo, $-b = 0 + (-b)$.

(i) Assim temos que:

$$a.(-b) = a.[0 + (-b)] = a.[0 - b] = (a.0) - (a.b) = -(a.b).$$

De forma semelhante, mostramos que

$$(-a).b = [0 + (-a)].b = [0 - a].b = (0.b) - (a.b) = -(a.b).$$

(ii) A partir de (i), podemos escrever

$$(-a).(-b) = -[a.(-b)] = -[-a.b] = a.b.$$

A.3 Regra da divisão de frações

Sabemos que a divisão de duas frações é definida pela regra

$$\frac{a}{b} \div \frac{c}{d} = \frac{a}{b} \cdot \frac{d}{c} = \frac{a.d}{b.c},$$

ou seja, realizamos o produto da primeira fração com o inverso da segunda fração.

O fato de aparecer uma multiplicação e de invertermos a segunda fração, geralmente é motivo de curiosidade: não conseguimos imediatamente visualizar o porquê desses procedimentos. Vamos apresentar a ideia envolvida nessa operação através de um exemplo, usando propriedades que geralmente aparecem na solução de equações.

Se desejamos calcular, por exemplo, $\dfrac{2}{7} \div \dfrac{4}{3}$, o resultado dessa operação no momento ainda é para nós desconhecido, por isso a ideia de atribuir a ele uma incógnita $x = \dfrac{2}{7} \div \dfrac{4}{3}$.

Multiplicando toda equação por $\dfrac{4}{3}$, obtemos $\dfrac{4}{3}.x = \dfrac{4}{3}.\dfrac{2}{7} \div \dfrac{4}{3}$.

Nessa equação, aplicamos então a propriedade comutativa e associativa, obtendo

$$\frac{4}{3}.x = \frac{2}{7}.\left[\frac{4}{3} \div \frac{4}{3}\right] \Rightarrow \frac{4}{3}.x = \frac{2}{7}.1$$

$$\frac{4}{3}.x = \frac{2}{7}.1 \Rightarrow \frac{4}{3}.x = \frac{2}{7} \Rightarrow \frac{4.x}{3} = \frac{2}{7}.$$

Agora pela equivalência de frações, podemos reescrever a última equação na forma $7.4.x = 2.3$, de onde decorre que $x = \frac{2.3}{7.4}$, ou seja, o valor x, resultado da divisão das duas frações, é o produto da primeira fração pelo inverso da segunda.

A.4 Dedução da fórmula de Bháskara

Definição A.3 A equação $ax^2 + bx + c = 0$ (com $a \neq 0$) é chamada completa quando $b \neq 0$ e $c \neq 0$.

Seja a equação $ax^2 + bx + c = 0$. Vamos transformá-la em equações equivalentes, de modo que o primeiro membro seja um quadrado perfeito.

1. Transportamos c para o segundo membro: $ax^2 + bx = -c$

2. Multiplicamos ambos os membros por $4a$: $4a^2x^2 + 4abx = -4ac$.

3. Adicionamos b^2 a ambos os membros: $4a^2x^2 + 4abx + b^2 = b^2 - 4ac$.

4. Fatoramos o primeiro membro: $(2ax + b)^2 = b^2 - 4ac$.

5. Extraímos a raiz quadrada de ambos os membros: $2ax + b = \pm\sqrt{b^2 - 4ac}$.

6. Isolamos x: $x = \dfrac{-b \pm \sqrt{b^2 - 4ac}}{2a}$ (Fórmula de Bháskara).

A fórmula acima permite encontrar as raízes de qualquer equação de segundo grau, completas ou incompletas. A expressão $b^2 - 4ac$ chama-se discriminante e é indicada pela letra grega Δ (lê-se delta).
Temos três casos:

- $\Delta > 0 \Rightarrow$ a equação admite duas raízes reais e distintas.

- $\Delta < 0 \Rightarrow$ a equação não admite duas raízes reais.

- $\Delta = 0 \Rightarrow$ a equação admite duas raízes reais e iguais.

B Formulário

CONJUNTOS

Apresentamos aqui a notação usada ao trabalharmos com conjuntos e suas operações:

$x \in C$	x é um elemento que pertence ao conjunto C
$x \notin C$	x não pertence ao conjunto C
$\{\ \}$ ou $\emptyset$	Conjunto vazio
$A \cup B = \{x \mid x \in A \text{ ou } x \in B\}$	Elementos de A juntamente com os de B
$A \cap B = \{x \mid x \in A \text{ e } x \in B\}$	Elementos comuns a A e B
$A - B = \{x \mid x \in A \text{ e } x \notin B\}$	Elementos que pertencem a A e não pertencem a B
$C_A^B = \{x \mid x \in A \text{ e } x \notin B\}$	Complementar de B em relação ao conjunto A
$B' = \{x \mid x \in U \text{ e } x \notin B\}$	Complementar de B em relação ao conjunto universo

CONJUNTOS NUMÉRICOS

Apresentamos aqui os conjuntos numéricos e alguns dos seus subconjuntos:

$\mathbb{N} = \{0, 1, 2, 3, 4, \ldots\}$	Números naturais
$\mathbb{N}^* = \{1, 2, 3, 4, \ldots\}$	Números naturais excluindo o zero
$\mathbb{Z} = \{\ldots, -3, -2, -1, 0, 1, 2, 3, \ldots\}$	Números inteiros
$\mathbb{Z}^* = \mathbb{Z} - \{0\} = \{\ldots, -3, -2, -1, 1, 2, 3, \ldots\}$	Números inteiros excluindo o zero
$\mathbb{Z}_+ = \mathbb{N} = \{0, 1, 2, 3, \ldots\}$	Inteiros não negativos
$\mathbb{Z}_- = \{\ldots, -3, -2, -1, 0\}$	Inteiros não positivos
$\mathbb{Z}_+^* = \{1, 2, 3, \ldots\}$	Inteiros positivos
$\mathbb{Z}_-^* = \{\ldots, -3, -2, -1\}$	Inteiros negativos
$\mathbb{Q} = \left\{\dfrac{p}{q} \mid p \in \mathbb{Z}, q \in \mathbb{Z}^*\right\}$	Números racionais
$\mathbb{Q}' = \mathbb{I}$	Números irracionais
$\mathbb{R} = \mathbb{Q} \cup \mathbb{Q}'$	Números reais

INTERVALOS NUMÉRICOS

Apresentamos aqui a representação de alguns intervalos numéricos:

$(a, b) = \{x \in \mathbb{R} \mid a < x < b\}$

$[a, b] = \{x \in \mathbb{R} \mid a \leq x \leq b\}$

$(a, b] = \{x \in \mathbb{R} \mid a < x \leq b\}$

$[a, b) = \{x \in \mathbb{R} \mid a \leq x < b\}$

$[a, +\infty) = \{x \in \mathbb{R} \mid a \leq x\}$

$(-\infty, b) = \{x \in \mathbb{R} \mid x < b\}$

POTENCIAÇÃO

Sendo a, b números reais e m, n inteiros positivos, todos não nulos:

$a^m = a \cdot a \ldots a$

Multiplicamos a base a, m vezes.

$a^{-m} = \left(\dfrac{1}{a}\right)^m$ e $\left(\dfrac{a}{b}\right)^{-m} = \left(\dfrac{b}{a}\right)^m$

Primeiro invertemos a base, depois calculamos a potência.

$a^{m/n} = \sqrt[n]{a^m}$

Potência fracionária é uma raiz.

$a^0 = 1$ e $a^1 = a$

Casos especiais: quando o expoente é zero, o resultado será sempre 1 e quando o expoente for 1, o resultado é a própria base.

PROPRIEDADES DA POTENCIAÇÃO

$a^m \cdot a^n = a^{m+n}$

Na multiplicação, quando as bases são iguais, somamos os expontes.

$\dfrac{a^m}{a^n} = a^{m-n}$

Na divisão, quando as bases são iguais, diminuimos os expoentes.

$(a^m)^n = a^{m \cdot n}$

Multiplicamos os expoentes.

$(a \cdot b)^m = a^m \cdot b^m$

Na multiplicação, cada termo é elevado ao expoente m.

PRODUTOS NOTÁVEIS

$(a + b)^2 = a^2 + 2ab + b^2$
Quadrado da soma de dois termos.

$(a - b)^2 = a^2 - 2ab + b^2$
Quadrado da diferença de dois termos.

$(x + y)(x - y) = x^2 - y^2$
Produto da soma pela diferença de dois termos.

$(x - y)(x^2 + xy + y^2) = x^3 - y^3$
Diferença de dois cubos.

OPERAÇÕES COM FRAÇÕES

$$\frac{x}{a} + \frac{y}{b} = \frac{m_1 \cdot x + m_2 \cdot y}{M}$$

Dividimos $M = m.m.c.(a, b)$ pelo denominador de cada fração, $M \div a = m_1$ e $M \div b = m_2$, depois multiplicamos pelo seu respectivo numerador.

$$\left(\frac{a}{b}\right)^m = \frac{a^m}{b^m}$$

Calculamos a potência do numerador e também do denominador.

$$\frac{x}{a} \cdot \frac{y}{b} = \frac{x \cdot y}{a \cdot b}$$

Multiplicamos os numeradores entre si e também os denominadores.

$$\sqrt[n]{\frac{a}{b}} = \frac{\sqrt[n]{a}}{\sqrt[n]{b}}$$

Calculamos a raiz do numerador e também do denominador.

$$\frac{x}{a} \div \frac{y}{b} = \frac{x}{a} \cdot \frac{b}{y} = \frac{x \cdot b}{a \cdot y}$$

Multiplicamos a primeira fração pelo inverso da segunda.

OPERAÇÕES COM RADICAIS

$\sqrt[n]{a} + \sqrt[n]{b} + \sqrt[n]{a} = 2\sqrt[n]{a} + \sqrt[n]{b}$

Somamos apenas radicais semelhantes.

$\sqrt[n]{a} \cdot \sqrt[n]{b} = \sqrt[n]{a \cdot b}$

Podemos multiplicar os radicandos se os índices forem iguais.

RACIONALIZAÇÃO

Em cada caso multiplicamos o numerador e o denominador por um fator racionalizante

Caso 1: o denominador é uma raiz quadrada. Neste caso, basta multiplicar e dividir pela própria raiz que aparece no denominador.

$$\frac{x}{\sqrt{y}} = \frac{x}{\sqrt{y}} \cdot \frac{\sqrt{y}}{\sqrt{y}}$$

Caso 2: o denominador é uma raiz ene-ésima. Neste caso, se no denominador há a raiz $\sqrt[n]{y^m}$, diminuimos m de n para compor o expoente do fator racionalizante que será $\sqrt[n]{y^{n-m}}$.

$$\frac{x}{\sqrt[n]{y^m}} = \frac{x}{\sqrt{y}} \cdot \frac{\sqrt[n]{y^{n-m}}}{\sqrt[n]{y^{n-m}}}$$

Caso 3: o denominador é uma soma (ou diferença) envolvendo uma raiz quadrada. Se o denominador for $a - \sqrt{b}$, o fator racionalizante será $a + \sqrt{b}$ (tomamos sempre o conjugado).

$$\frac{\sqrt{x}}{a+\sqrt{y}} = \frac{\sqrt{x}}{a+\sqrt{y}} \cdot \frac{(a-\sqrt{y})}{(a-\sqrt{y})} = \frac{\sqrt{x}(a-\sqrt{y})}{a^2 - (\sqrt{y})^2} = \frac{\sqrt{x}(a-\sqrt{y})}{a^2 - y}$$

FATORAÇÃO

Ver quadro-resumo apresentado na página ??.

VALOR ABSOLUTO

$|a| = a$, se $a > 0$

O valor absoluto de um número positivo é o próprio número.

$|a| = -a$, se $a < 0$

O valor absoluto de um número negativo é o seu oposto, ou simétrico.

$|a| \leq b \Rightarrow -b \leq a \leq b$

Nesse caso transformamos a inequação que envolve o valor absoluto em uma inequação simultânea.

$|a| \geq b \Rightarrow a \geq b$ ou $-a \geq b$

Nesse caso a inequação que envolve o valor absoluto é transformada em duas outras inequações.

FUNÇÃO POLINOMIAL DO 1º GRAU

$y = ax + b.$

a é o coeficiente angular e indica a inclinação da reta; **b** é o coeficiente linear, valor onde a reta intercepta o eixo y.

Se $y = 0 \Rightarrow x = -\dfrac{b}{a}$ é a raiz da função, onde ela intercepta o eixo x.

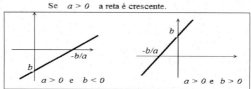

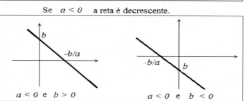

FUNÇÃO POLINOMIAL DO 2º GRAU

$y = ax^2 + bx + c.$

Seu gráfico é uma parábola. Suas raízes são calculadas pela fórmula de Bháskara:

$$x = \dfrac{-b \pm \sqrt{b^2 - 4ac}}{2a}$$

e são os valores onde a função intercepta o eixo x.

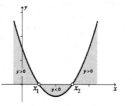
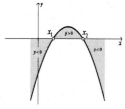

Se $a < 0$ a parábola tem concavidade voltada para baixo.
Se $a > 0$ a parábola tem concavidade voltada para cima.

RAZÕES TRIGONOMÉTRICAS

$$\text{sen}(\theta) = \frac{\text{Cateto Oposto}}{\text{Hipotenusa}} = \frac{y}{h}$$

$$\cos(\theta) = \frac{\text{Cateto Adjacente}}{\text{Hipotenusa}} = \frac{x}{h}$$

$$\tan(\theta) = \frac{\text{Cateto Oposto}}{\text{Cateto Adjacente}} = \frac{y}{x} \Rightarrow \tan(\theta) = \frac{\text{sen}(\theta)}{\cos(\theta)}$$

$$\cot(\theta) = \frac{\text{Cateto Adjacente}}{\text{Cateto Oposto}} = \frac{x}{y} \Rightarrow \cot(\theta) = \frac{\cos(\theta)}{\text{sen}(\theta)} = \frac{1}{\tan(\theta)}$$

$$\sec(\theta) = \frac{\text{Hipotenusa}}{\text{Cateto Adjacente}} = \frac{h}{x} \Rightarrow \sec(\theta) = \frac{1}{\cos(\theta)} = \frac{h}{x}$$

$$\csc(\theta) = \frac{\text{Cateto Oposto}}{\text{Hipotenusa}} = \frac{h}{y} \Rightarrow \csc(\theta) = \frac{1}{(\text{sen}\,\theta)}$$

RAZÕES TRIGONOMÉTRICAS DE ALGUNS ÂNGULOS

	0^0	30^0	45^0	60^0	90^0	180^0	270^0	360^0
sen	0	$\frac{1}{1}$	$\frac{\sqrt{2}}{2}$	$\frac{\sqrt{3}}{2}$	1	0	-1	0
cos	1	$\frac{\sqrt{3}}{2}$	$\frac{\sqrt{2}}{2}$	$\frac{1}{2}$	0	-1	0	1
tan	0	$\frac{\sqrt{3}}{3}$	1	$\sqrt{3}$	não existe	0	não existe	0

IDENTIDADES TRIGONOMÉTRICAS

$\operatorname{sen}^2(\theta) + \cos^2(\theta) = 1$

$\tan^2(\theta) + 1 = \sec^2(\theta)$

$\cot^2(\theta) + 1 = \csc^2(\theta)$

FÓRMULAS TRIGONOMÉTRICAS

$\operatorname{sen}(\theta \pm \alpha) = \operatorname{sen}(\theta)\cos(\alpha) \pm \cos(\theta)\operatorname{sen}(\alpha)$ $\qquad$ $\cos(\theta \pm \alpha) = \cos(\theta)\cos(\alpha) \mp \operatorname{sen}(\theta)\operatorname{sen}(\alpha)$

$\operatorname{sen}(2\theta) = 2\operatorname{sen}(\theta)\cos(\theta)$ $\qquad$ $\cos(2\theta) = 2\cos^2(\theta) - 1$

$\cos(2\theta) = 1 - 2\operatorname{sen}^2(\theta)$ $\qquad$ $\cos(2\theta) = \cos^2(\theta) - \operatorname{sen}^2(\theta)$

$\operatorname{sen}^2(\theta) = \dfrac{1 - \cos(2\theta)}{2}$ $\qquad$ $\cos^2(\theta) = \dfrac{1 + \cos(2\theta)}{2}$

$\cos(\theta)\cos(\alpha) = \dfrac{1}{2}[\cos(\theta + \alpha) + \cos(\theta - \alpha)]$ $\qquad$ $\operatorname{sen}(\theta)\cos(\alpha) = \dfrac{1}{2}[\operatorname{sen}(\theta + \alpha) + \operatorname{sen}(\theta - \alpha)]$

$\operatorname{sen}(\theta)\operatorname{sen}(\alpha) = \dfrac{1}{2}[\cos(\theta - \alpha) - \cos(\theta + \alpha)]$ $\qquad$ $\tan(\theta \pm \alpha) = \dfrac{\tan(\theta) \pm \tan(\alpha)}{1 \mp \tan(\theta)\tan(\alpha)}$

PROPRIEDADES DO LOGARITMO

$\log_a 1 = 0$ $\qquad\qquad \log_a a = 1$

$\log_a a^\alpha = \alpha$ $\qquad\qquad a^{\log_a b} = b$

$\log_a b = \log_a c \Rightarrow b = c \qquad \log_{a^\beta} b = \dfrac{1}{\beta} \log_a b$

$\log_a (b \cdot c) = \log_a b + \log_a c$ *(Logaritmo de um Produto)*

$\log_a \left(\dfrac{b}{c}\right) = \log_a b - \log_a c$ *(Logaritmo de um Quociente)*

$\log_a b^\alpha = \alpha \log_a b$ *(Logaritmo de uma Potência)*

$\log_a \alpha = \dfrac{\log_b \alpha}{\log_b a}$ *(Mudança de Base)*

$\log_a b = \dfrac{1}{\log_b a}$

C   Respostas

Seção 1.5, pág. 16

1. a) V   b) V   c) V
   d) F   e) F   f) F
   g) V   h) F
2. a) $\{6, 12\}$
   b) $\{2, 3, 4, 6, 8, 9, 10, 12, 15\}$
   c) $\{0, 5, 15, 20\}$
   d) $\emptyset$
   e) $\{6, 10, 12\}$
   f) $\{3, 6, 9, 12, 15\}$
   g) $\{6, 12\}$
3. a) $\{1, 5, 8\}$
   b) $\{2, 4\}$
   c) $\{4, 5, 8\}$
   d) $\{4, 6\}$
   e) $\{4\}$
   f) $\{4, 5, 6, 8\}$

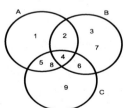

4. a) $\{a, b, d, e, i\}$
   b) $\{b, c, d, f, j\}$
   c) $\{e, g, h, j\}$
   d) $\{a, b, c, d, e, f, i, j\}$
   e) $\{j\}$
   f) $\emptyset$
   g) $\{c, f\}$
5. a) F, pois existem elementos em A que não pertencem a B.
   b) F, pois $B - A = \emptyset$.
   c) V   d) V
6. a) 9   b) 10
   c) 3   d) 28
   e) 0
7. a) 13   b) 9
   c) 8

Seção 2.7, pág. 27

1. (a) racionais   (g) inteiros
   (b) racionais   (h) irracionais
   (c) racionais   (i) irracional
   (d) inteiros   (j) racional
   (e) inteiros   (k) racional
   (f) inteiros   (l) irracional

2.

a	b	a>b	a≤b	a<b	a≥b	a=b
1	6	F	V	V	F	F
6	1	V	F	F	V	F
−3	5	F	V	V	F	F
5	−3	V	F	F	V	F
−4	−4	F	V	F	V	V
0,25	$\frac{1}{3}$	F	V	V	F	F
$-\frac{1}{4}$	$-\frac{3}{4}$	V	F	F	V	F

3. (a) $\{x \in \mathbb{N} | x \text{ é ímpar}\}$
   (b) $\{0, \pm 2, \pm 4, \pm 6 \ldots\}$
       ou $\{x \in \mathbb{Z} | x = 2n, n \in \mathbb{Z}\}$
   (c) $\{x \in \mathbb{R} | x \in \mathbb{R} - \mathbb{Q}\}$
   (d) $\{x \in \mathbb{N} | 7 \leq x \leq 10\}$

4. (a) $\pi, \sqrt{5}, -0.2, \frac{5}{2}$
   (b) $5, \pi, \sqrt{5}, \frac{5}{2}$
   (c) nenhum

5. (a) $\emptyset$ (6, +∞)
   (b) (2, 5)
   (c) [−2, 2]   (e) [−2, +∞)
   (d) [−2, 5)   (f) (2, 5)

6. (a) $\{x \in \mathbb{R} | -3 < x < 1\}$
   (b) $\{x \in \mathbb{R} | x \leq -4\}$
   (c) $\{x \in \mathbb{R} | x < -3 \text{ ou } x > -1\}$

Seção 2.9, pág. 32

1. (a) −8
   (b) 4
   (c) −4
   (d) $\frac{8}{27}$
   (e) $-\frac{27}{64}$
   (f) $\frac{9}{16}$

(g) $\dfrac{1}{4}$

(h) $\dfrac{1}{4}$

(i) $-\dfrac{1}{27}$

(j) $\dfrac{9}{4}$

(k) $\dfrac{2}{3}$

(l) 64

(m) $-\dfrac{27}{8}$

(n) 9

(o) $\dfrac{16}{25}$

(p) $3^8 = 6561$

(q) $3^6 = 729$

(r) 3375

2. e
3. e
4. (a) $a^{11}b^{-12}$ (c) $\dfrac{a^{12}}{b^{18}}$
   (b) $\dfrac{b^9}{a^2}$

5. São iguais.
6. $58 \cdot 10^{-20}$.

Seção 2.11, pág. 42

1. (a) $-\dfrac{19}{15}$ (g) $-\dfrac{32}{243}$
   (b) $\dfrac{17}{5}$ (h) $\dfrac{2}{3}$
   (c) $\dfrac{2}{3}$ (i) $-\dfrac{2}{3}$
   (d) $\dfrac{4}{5}$
   (e) $-\dfrac{8}{21}$ (j) $\dfrac{1}{64}$
   (f) $\dfrac{3}{10}$ (k) $-\dfrac{8}{125}$

Seção 2.13, pág. 45

1. Todos são absurdos matemáticos, exceto (d).

2. (a) 24 (c) $2\sqrt{3}$
   (b) 4 (d) $4\sqrt[3]{2}$

3. (a) $-\sqrt{2}$ (e) $2\sqrt{7}+\sqrt{14}$
   (b) 0 (f) $13\sqrt{2}$
   (c) $4\sqrt{5}$ (g) $7\sqrt{2}$
   (d) $8\sqrt{2}$ (h) $10\sqrt[3]{2}$

4. (a) $2 + 6\sqrt{5}$ (c) $11\sqrt{6} - 24$
   (b) $17\sqrt{2} - 26$ (d) -27

5. $8\sqrt{2}$
6. $-2\sqrt{2}$
7. (a) $b\sqrt{a}\sqrt[4]{c}$ (e) $\sqrt[6]{3^3 5^2}$
   (b) $x\sqrt{xy}\sqrt[6]{y}$ (f) $\sqrt[12]{2^{11}}$
   (c) $\sqrt{x}\sqrt[6]{y}\sqrt[12]{z}$ (g) $\sqrt[6]{2^3 5^2}$
   (d) $x\sqrt{x}\sqrt[8]{xy^2}$ (h) $\sqrt[6]{2}$

8. (a) 6 (d) $\sqrt{2}$
   (b) $2\sqrt[3]{3}$ (e) $\sqrt[12]{3^4 2^3 5^6}$
   (c) 6 (f) $\sqrt[6]{\dfrac{9}{8}}$

9. 3

Seção 2.15, pág. 49

1. (a) $\dfrac{\sqrt{3}}{3}$ (l) $\dfrac{\sqrt[3]{x^2 y^2}}{x}$
   (b) $2\sqrt{2}$ (m) $\sqrt{2}-1$
   (c) $\dfrac{2\sqrt{3}}{9}$ (n) $\dfrac{\sqrt{5}+1}{2}$
   (d) $\dfrac{\sqrt{6}}{3}$
   (e) $\dfrac{\sqrt{xy}}{y^2}$ (o) $\dfrac{3\sqrt{2}+2}{7}$
   (f) $\dfrac{\sqrt{xy}}{x}$ (p) $-3-2\sqrt{3}$
   (g) $\sqrt[3]{4}$ (q) $\dfrac{-3\sqrt{2}-4}{2}$
   (h) $\dfrac{\sqrt[3]{2}}{2}$ (r) $\dfrac{4-2\sqrt{2}+2\sqrt{3}-\sqrt{6}}{2}$
   (i) $\sqrt[4]{2}$ (s) $-3-2\sqrt{2}$
   (j) $\dfrac{\sqrt[4]{36}}{3}$ (t) $2+\sqrt{3}-\sqrt{2}-\sqrt{6}$
   (k) $\sqrt[5]{x^3 y^2}$

2. a

3. (a) 1

   (b) $-\frac{(\sqrt{3}+2\sqrt{2})^2}{5} + \frac{(2\sqrt{2}-\sqrt{3})^2}{5}$

4. Racionalize cada termo da soma.

5. Eleve ao quadrado ambos os membros da equação.

6. $a = 2$ e $b = 3$

7. (a) 4

   (b) $\sqrt{2}$

   (c) 2

   (d) $4x\sqrt{x^2-1}$

8. Eleve ao quadrado ambos os membros da equação e substitua por x o radical que permaneceu; obtemos $x = 2$.

9. c

Seção 2.17, pág. 52

1. (a) $\frac{1}{2}$ (f) $\frac{3}{4}$

   (b) $-\frac{23}{48}$ (g) $-\frac{5}{9}$

   (c) $\frac{1}{2}$ (h) 8

   (d) $\frac{11}{6}$

   (e) $\frac{32}{45}$

2. 221 construídos; faltam 87 km.

Seção 3.3, pág. 55

1. $V = 2.(x-4).(y-4)$

2. (a) 1

   (b) -5

   (c) $-\frac{8}{17}$

   (d) $-\frac{50}{23^2}$

3. e

4. O resultado é $y = x + 2$, então número pensado é $x = y - 2$, pois $y = \frac{(3x+6).4}{12}$.

Seção 3.5, pág. 59

1. (a) $x^2 - 2xy + y^2$

   (b) $a^2 + 2ab + b^2$

   (c) $4x^2 + 12x + 9$

   (d) $4y^2 - 9$

   (e) $x - 2\sqrt{xy} + y$

   (f) $x^3 + 3x^2 + 3x + 1$

   (g) $16x^2 - 24xy + 9y^2$

   (h) $a - 4a^2$

2. (a) $(x-3)^2$

   (b) $(y+4)^2$

   (c) $(2a+b)^2$

   (d) $(5-x)(5+x)$

Seção 3.7, pág. 66

1. (a) $x(y-1)$

   (b) $(10-xy)(10+xy)$

   (c) $a(x-y)(x+y)$

   (d) $x(5x-4)(5x+4)$

   (e) $mp(m-p)(m+p)$

   (f) $3xy(x - 2y^2 + 3xy)$

   (g) $x(x-3)(x+1)$

   (h) $\frac{1}{2}x^2y^2(x^2 + \frac{1}{2}y^2)$

   (i) $xy^2(x^2 - 2my^3)$

   (j) $(x-y)(x+y+1)$

   (k) $(y+1)(4y^5+1)$

   (l) $(a^2+3x)(2a-3b)$

   (m) $(xy-2)(x+2y)$

   (n) $3(xy-2)^2$

   (o) $(y^2-3mx)^2$

   (p) $m^2(mx+2y)^2$

   (q) $(3ax-b^3)^2$

   (r) $(\frac{x}{3} - \frac{y}{4})^2$

Seção 3.9, pág. 69

1. (a) $\dfrac{1}{a+5}$ (g) $\dfrac{x+1}{3}$
   (b) $\dfrac{x-y}{y}$ (h) $\dfrac{x+y}{x-y}$
   (c) $-\dfrac{1}{b}$ (i) $\dfrac{x-2}{x+3}$
   (d) $\dfrac{4z^3}{3x^3y^4}$ (j) $\dfrac{x^2-1}{x^2+1}$
   (e) $\dfrac{x-2y}{x+2y}$ (k) $\dfrac{x-3}{2x}$
   (f) $\dfrac{a+c}{a-c}$ (l) $\dfrac{x+5}{x-1}$

2. (a) F, $(p+q)^2 = p^2 + 2pq + q^2$
   (b) F, $\dfrac{1+TC}{C} = \dfrac{1}{C} + T$
   (c) F
   (d) F

3. (a) $ab+ac$ (c) $\dfrac{a}{b}+1$
   (b) $2a$ (d) $\dfrac{a}{b}+1$

4. Resolva o membro direito da equação, chegando numa igualdade.

5. (a) $\dfrac{5x^2 - 28y + 16y^2}{12x}$ (h) $\dfrac{m-6}{2x}$
   (b) $\dfrac{x-14}{3(x-1)(x+1)}$ (i) $(x-y)(x+y)$
   (c) $\dfrac{6x}{(x-1)(x+1)}$ (j) $1 - \dfrac{y}{x}$
   (d) $\dfrac{4t}{t-s}$ (k) $\dfrac{x}{a}$
   (e) $\dfrac{(2a+b)(x-4)}{(x-3)(x+3)}$ (l) $\dfrac{16m^4 n^{10} p^2}{9r^4 t^{14}}$
   (f) $\dfrac{(x^2+16)(x-y)x}{2 \cdot 9y^7}$ (m)
   (g) $\dfrac{1}{x-y}$ (n) $\dfrac{x}{2}$

6. e

Seção 4.10, pág. 98

1. $g \circ f = \{(1,1), (2,3), (3,5)\}$.

2. $(g \circ f)(x) = 3x^5 + 7$, $(f \circ g)(x) = (3x+7)^5$, $(g \circ g)(x) = 9x + 28$ e $(f \circ f)(x) = (x^5)^5 = x^{25}$.

3. $(h \circ f \circ g)(x) = 3^{2(3x+4)^2}$ e $(g \circ f \circ h)(x) = 3^{4x+1} + 4$.

4. a) $Q(t) = \sqrt{22 + 0,06t^2}$.
   b) $4,72$ unidades de volume. c) 7 anos.

5. $n(t) = 301 + 10t + 0,04t^2$, $341,64$ ppm, respectivamente.

Seção 4.12, pág. 101

1. (a) f é inversível e $f^{-1} = \{(a',a), (b',b), (c',c)\}$.
   (b) g não é inversível.
   (c) h é inversível e $h^{-1}(x) = \dfrac{1-x}{5}$.
   (d) i é inversível e $i^{-1}(x) = \sqrt[3]{x+2}$.
   (e) j é inversível e $j^{-1}(x) = -\sqrt{x}$.
   (f) p é inversível e $p^{-1}(x) = \dfrac{1}{x}$.

2.
$$f^{-1}(x) = \begin{cases} x, & x \leq 1 \\ 2x-1, & 1 < x \leq 3 \\ \sqrt{x+7}, & x > 3 \end{cases}$$

3. Como $f^{-1}(x) = \dfrac{x+3}{2}$ e $g^{-1} = x^3 + 1$ temos que $(g^{-1} \circ f^{-1})(x) = \left(\dfrac{x+3}{2}\right)^3 + 1$.

Seção 4.15, pág. 107

1. (a) $D(f) = \mathbb{R}$
   (b) $D(f) = \mathbb{R}$
   (c) $D(f) = \mathbb{R}$
   (d) $D(f) = \mathbb{R}$

(e) $D(f) = [-4, 4]$

(f) $(-\infty, -2] \cup [5, +\infty)$

(g) $D(f) = \{x \in \mathbb{R} | x \neq \frac{1}{3}\}$

(h) $D(f) = \{x \in \mathbb{R} | x \neq 1 \text{ e } x \neq 3\}$

(i) $D(f) = \{x \in \mathbb{R} | x \neq -\frac{1}{2}\}$

(j) $D(f) = (-5, 2)$

2. Notamos que $f(x) = (x^2 - 1)^{\frac{m}{n}} = \sqrt[n]{(x^2-1)^m}$. Consideramos primeiramente o caso em que $m > 0$. Neste caso, se m é par ou n é ímpar então $D(f) = \mathbb{R}$. Se n é par e m é ímpar, temos que $D(f) = (-\infty, -1] \cup [1, +\infty)$. Consideramos agora o caso em que $m < 0$. Neste caso, se m é par ou n é ímpar então $D(f) = \mathbb{R}$. Se n é par e m é ímpar, temos que $D(f) = (-\infty, -1) \cup (1, +\infty)$.

3. Se m e n são ímpares, temos que $D(f) = \{x \in \mathbb{R} | x \neq -2 \text{ e } x \neq 2\}$. Se m é par e n é ímpar, temos que $D(f) = [5, +\infty)$. Se m é ímpar e n é par, temos que $D(f) = (-\infty, -2) \cup (2, +\infty)$. Se m e n são pares, temos que $D(f) = [5, +\infty)$.

4. Como $(f \circ g)(x) = 2\sqrt{x} + 1$ e $(g \circ f)(x) = \sqrt{2x+1}$, temos que $D(f \circ g) = [0, +\infty)$ e $D(g \circ f) = \left[-\frac{1}{2}, +\infty\right)$.

5. $D(H) = Im(H) = \mathbb{R}$

Seção 5.2, pág. 113

1. (a) $x = 10$
   (b) $x = \frac{3}{4}$
   (c) Não tem zeros.
   (d) $x = \frac{10}{9}$

2. Esboço dos gráficos:

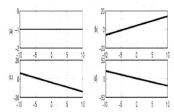

3. Esboço dos gráficos:

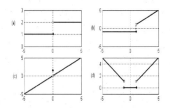

4. $32°$.

5. $f(-2) = 2$, $f(-1) = \frac{3}{2}$ e $f(0) = 1$.

6. $D(f) = \mathbb{R}$ e $Im(f) = \{-1\}$.

Seção 5.4, pág. 127

1. (a) $(12, +\infty)$
   (b) $[9, 19]$
   (c) $\left(-\infty, -\frac{5}{2}\right) \cup (4, +\infty)$
   (d) $[-3, 1]$
   (e) $[7, +\infty)$
   (f) $(-3, 0]$
   (g) $(3, 4)$
   (h) $(-\infty, 1] \cup [2, +\infty)$
   (i) $(-\infty, -5] \cup (2, +\infty)$
   (j) $(-\infty, 1) \cup (1, +\infty)$

(k) $(-1, 0]$

(l) $\left(-\dfrac{7}{5}, +\infty\right)$

(m) $[5, +\infty)$

(n) $\left(-\infty, \dfrac{10}{3}\right)$

(o) $[40, +\infty)$

(p) $\left(-\infty, -\dfrac{11}{2}\right]$

(q) $\left(-\infty, -\dfrac{10}{9}\right)$

(r) $\left(-\dfrac{3}{2}, \dfrac{1}{2}\right]$

(s) $\left[\dfrac{5}{8}, \dfrac{14}{8}\right]$

(t) $(-\infty, 3) \cup (4, +\infty)$

(u) $(-\infty, 8) \cup [16, +\infty)$

(v) $\left(-\dfrac{3}{2}, 2\right)$

(w) $(-14, -4)$

(x) $(-\infty, -2] \cup (2, +\infty)$

(y) $(-\infty, 5) \cup \left(\dfrac{13}{2}, +\infty\right)$

2. $(-\infty, -1) \cup (2, +\infty)$

Seção 6.2, pág. 131

1. Esboço dos gráficos:

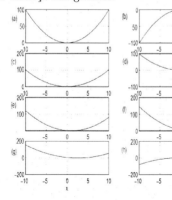

2. Esboço dos gráficos:

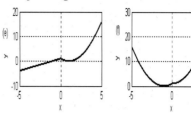

3. (a) $K = 100 J$ (b) $v = \pm 9 m/s$

Seção 6.4, pág. 153

1. (a) $(-\infty, -3) \cup (3, +\infty)$
   (b) $[-\sqrt{5}, \sqrt{5}]$
   (c) $(-2, 3)$
   (d) $(-\infty, -2) \cup [4, +\infty]$
   (e) $(-\infty, -2) \cup [4, +\infty]$
   (f) $(-4, 3)$
   (g) $[4, 5]$
   (h) $(-\infty, 1] \cup [2, +\infty)$

2. (a) $(-\infty, -3] \cup [2, +\infty)$
   (b) $[-2, 1) \cup [2, +\infty)$

3. (a) $\left[-\dfrac{1}{2}, 2\right]$
   (b) $\mathbb{R}$
   (c) $[-2, 1] \cup [2, +\infty)$
   (d) $(-4, 0) \cup (1, +\infty)$

4. (a) $(-\infty, 0] \cup [5, +\infty)$
   (b) $(-\infty, -3] \cup [5, +\infty)$
   (c) $[-1, 0) \cup [1, 4)$

5. (a) $(-\infty, 2) \cup [3, +\infty)$
   (b) $(-3, 1) \cup (5, +\infty)$

Seção 7.8, pág. 168

1. (a)

(b)
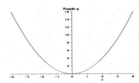

(c)
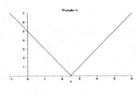

(d)
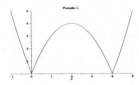

2. (a) $(-3.01, -2.99)$

(b) $\left(-\dfrac{9}{2}, -\dfrac{1}{2}\right)$

(c) $\left[\dfrac{3}{5}, \dfrac{9}{5}\right]$

(d) $\left(-\infty, \dfrac{2}{3}\right] \cup (4, \infty)$

(e) $\left(-\infty, -\dfrac{17}{7}\right) \cup (-\dfrac{5}{7}, \infty)$

(f) $(-\infty, -\dfrac{1}{2}) \cup \left(\dfrac{17}{6}, \infty\right)$

(g) $(-\infty, -1] \cup [6, \infty)$

(h) $[-12, 20]$

(i) $\left(-\infty, -\dfrac{1}{2}\right) \cup \left(\dfrac{7}{2}, \infty\right)$

(j) $[-1, 4]$

Seção 8.2, pág. 171

1. (a) $x = 6$

(b) $x = -1$ ou $x = 3$

(c) $x = 2$

(d) $x = 4$

(e) $x = 1$

(f) $x = -2$ ou $x = 3$

(g) $x = -1$ ou $x = -2$

(h) $x = -25$

2. $x = -6$ e portanto $x^2 = 36$.

3. (a) $S = \{4\}$
    (b) $S = \{1\}$
    (c) $S = \left\{\dfrac{3}{2}\right\}$
    (d) $S = \left\{\dfrac{9}{2}\right\}$
    (e) $S = \{5\}$
    (f) $S = \{-3\}$
    (g) S

    $\left\{-2, \dfrac{1}{2}\right\}$
    (h) $S =$
    $\left\{2, -\dfrac{1}{3}\right\}$
    (i) $S = \{3, -2\}$
    (j) $S = \{3\}$
    (k) $S = \{0, 2\}$
    (l) $S = \left\{\dfrac{1}{2}\right\}$

Seção 8.4, pág. 173

1. (a) C (c) D
    (b) C (d) D

2. (a) 18 (e) -1
    (b) 23
    (c) 1   (f) $\dfrac{1}{25}$
    (d) $\dfrac{2}{3}$ (g) $x = 5$

3. (a)   (b)

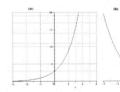

Respostas 235

(c) (d)

4. (a) (b)

(i)

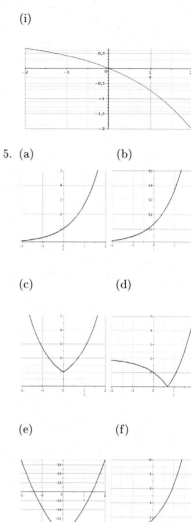

5. (a) (b)

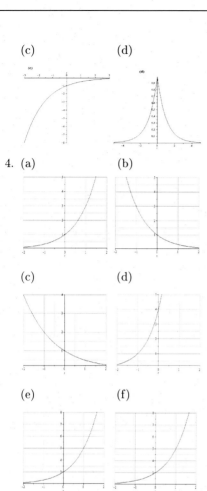

(c) (d)

(e) (f)

(g) (h)

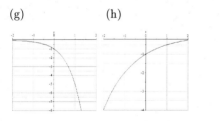

(c) (d)

(e) (f)

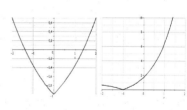

Seção 8.6, pág. 175

1. (a) 3   (e) 3
   (b) 3   (f) 0
   (c) $\dfrac{3}{2}$ (g) -2
   (d) -5 (h) 2

2. (a) 1 (e) 5
   (b) 4 (f) 5
   (c) $\frac{1}{5}$ (g) $\frac{2}{3}$
   (d) 6 (h) 30

3. (a) 3 (c) 5
   (b) 1 (d) $\sqrt{2}$

4. (a) $\dfrac{\log_{10} 5}{\log_{10} 2}$ (c) $\dfrac{\log_{10}(x-1)}{\log_{10} 2}$
   (b) $\dfrac{\log_{10} 2}{\log_{10} x}$ (d) $\dfrac{\log_{10}(x-3)}{\log_{10}(x+1)}$

5. (a) $\log_5 66$ (c) $\log_2 9$
   (b) $\log_7 7$

Seção 8.8, pág. 177

1. (a) $x = 6$
   (b) $x = 10$
   (c) $x = -3$ ou $x = 2$
   (d) $x = 82$

2. (a) $x = 2$ (b) $x = -1$ ou $x = 4$

3. (a) $x = 0$ ou $x = 9$ (b) $x = 5$

4. (a) $S = \{2\}$ (g) $S = \{0, \sqrt{2}\}$
   (b) $S = \{1\}$ (h) $S = \{-2, 6\}$
   (c) $S = \emptyset$ (i) $S = \{2, 4\}$
   (d) $S = \{-2, 1\}$ (j) $S = \{1, \sqrt{2}\}$
   (e) $S = \emptyset$ (k) $S = \{3\}$
   (f) $S = \{\frac{5}{8}\}$ (l) $S = \{1, 3\}$

5. (a) $S = \{1, 16\}$ (b) $S = \{3\}$

Seção 8.10, pág. 180

1. (a) (b)

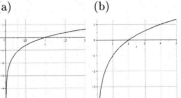

   (c) (d)

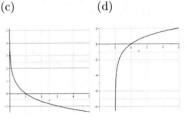

2. (a) C (d) D
   (b) C (e) D
   (c) C (f) D

3. (a) (b) (c)

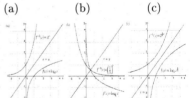

   (d) (e) (f)

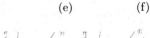

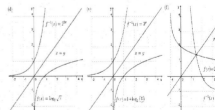

4. (a)   (b)   (c)   (c)

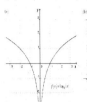
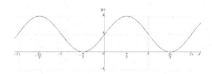

(d)

Seção 9.2, pág. 185

1. $108°$
2. $315°$
3. $480°$
4. $40°$
5. $\frac{7\pi}{10} rad$
6. $\frac{11\pi}{6} rad$
7. $\frac{256\pi}{45} rad$
   $4°$ quadrante
8. $\frac{49\pi}{9} rad$
   $3°$ quadrante

(e)

Seção 9.7, pág. 200

1. $30\sqrt{2} cm^2$
2. $C = 45°$ lados: $5\sqrt{2}$ e $\frac{10\sqrt{3}}{3}$
3. h=53,59 pés
4. $h = x(\operatorname{sen}\beta \cos\alpha - \operatorname{sen}\alpha \cos\beta)$
5. (a) 0,65   (b)1

(f)

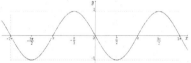

Seção 9.9, pág. 203

1. (a)

(g)

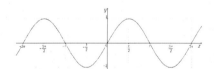

(b)

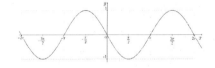

(h)

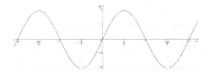

(i)
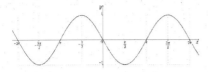

(j)
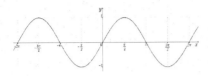

(k)
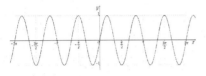

(l)
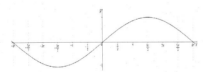

(m)
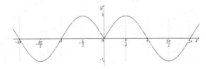

(n)
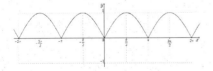

(o)
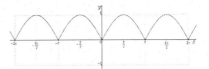

(p)
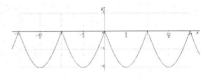

(q)
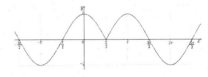

(r)
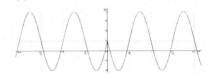

Seção 9.11, pág. 205

1. (a)

(b)
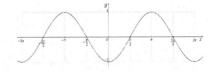

Respostas 239

(c)
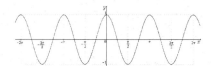

(d)
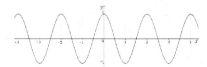

(e)
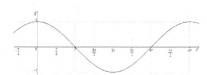

(f)
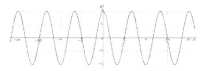

(g)

(h)
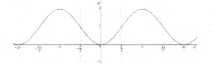

(i)

(j)
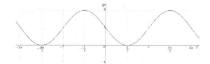

(k)
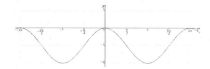

(l)

(m)
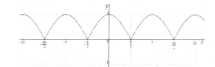

(n)
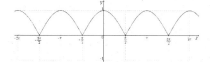

240 Tópicos de Matemática Básica

(o)
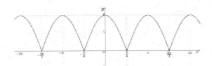

(c)

(p)

(d)
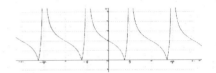

(q)
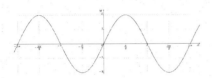

(e)
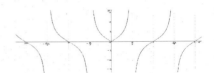

(r)
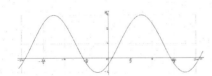

(f)

Seção 9.13, pág. 207

1. (a)
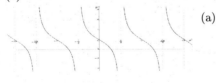

Seção 9.15, pág. 209 1.

(a)
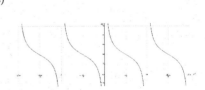

(b)
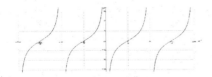

(b)

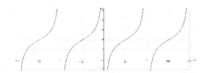

(b)

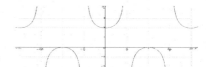

(c)

(c)

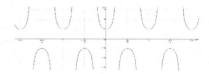

(d)

(d)

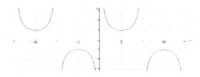

(e)

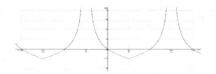

(e)

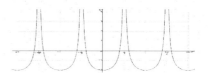

(f)

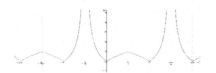

(f)

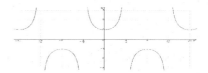

Seção 9.18, pág. 212

1. (a)

(g)

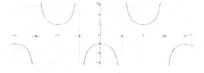

(h)

(i)

(j)

(k)

(l)

Seção 9.19, pág. 213
1.(a)

(b)

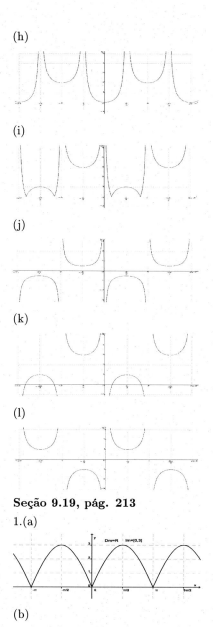

(c)

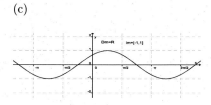

(d)

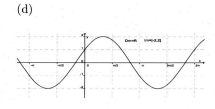

(e)

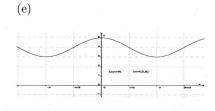

2. Gráfico:

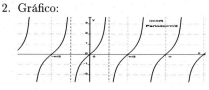

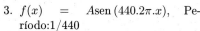

3. $f(x) = A\text{sen}(440.2\pi.x)$, Período:$1/440$

4. Período: $\pi/5$, Imagem: $[-1,1]$

5. Esboçando o gráfico das funções seno e cosseno, verificamos que a função seno é simétrica em relação à origem e a função cosseno é simétrica em relação ao eixo y.

6. (a) F (b) V (c) V (d) V
   (e) F (f) F (g) V

7. $[0, \dfrac{\pi}{6}]$

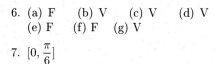

Índice Remissivo

Amplitude, 202
Aplicação, 73

Coeficiente
   angular, 111
   linear, 111
Conjunto, 1
   das partes, 7
   disjunto, 10
   elemento, 2
   operações, 8
      diferença, 10
      interseção, 9
      propriedades, 15
      união, 8
   representação, 2
   universo, 4
   vazio, 4
   complementar, 11
Conjuntos numéricos
   números inteiros, 20
   números irracionais, 21
   números naturais, 19
   números racionais, 20
   números reais, 21

Desigualdades, 22
Diagrama de Venn, 3
Discriminante, 129

Equação
   de segundo grau, 63

exponencial, 169
logarítmica, 175
Modular, 158
Expressão
   algébrica, 53
   numérica, 50
Expressão algébrica
   valor numérico, 54

Fórmula de Báskara, 63
Fator comum, 60, 61
Fatoração
   por agrupamento, 61
   por produtos notáveis, 62
   trinômio de segundo grau, 64
Fatoração, 60
   por fator comum, 61
Fração, 20
   divisão, 40
   irredutível, 39
   multiplicação, 39
   simplificação, 39
   soma, 33
   subtração, 33
Fração algébrica, 66
Frequencia
   angular, 205
Função, 73
   ímpar, 97
   afim, 111
   bijetora, 100

codomínio, 75
composta, 79
constante, 110
contradomínio, 75
cossecante, 211
cosseno, 204
cotangente, 207
crescente, 78
de primeiro grau, 111
decrescente, 79
definição de, 71
definida por várias sentenças, 74
domínio, 75
exponencial, 171
injetora, 99
inversível, 100
linear, 112
logarítmica, 178
nula, 109
par, 96
polinomial, 109
quadrática, 129
secante, 210
seno, 200
sobrejetora, 100
tangente, 206

Grau, 181
Grau de uma função polinomial, 109

Identidades Trigonométricas, 194
Imagem, 75
Inequação, 114
    conjunto solução, 115
    do primeiro grau, 114
    do segundo grau, 132
    modular, 162
Intervalo, 23
    extremos do, 23
    ilimitado, 25
    limitado, 23

Lei dos Cossenos, 199
Logaritmando, 173
Logaritmo, 173
    natural, 174
    propriedades operatórias, 174

Mínimo múltiplo comum, 34
Módulo, 155

Pertinência, 2
Pitágoras
    Teorema de, 186
Potência, 28
    base, 29
    expoente, 29
    fracionária, 29
    propriedades, 30
Produtos notáveis
    diferença de dois cubos, 59
    diferença de dois quadrados, 58
    quadrado da diferença, 58
    quadrado da soma, 57
Propriedade
    anti-simétrica, 6
    dos logaritmos, 174
    reflexiva, 6
    transitiva, 6

Raízes, 129
Racionalização de denom., 46
Radiano, 182
Radicando, 43
Radiciação, 43
    propriedades, 44
Raiz, 42
    ene-ésima, 43
    quadrada, 43
Razão Trigonométrica, 188
    Cossecante, 189
    Cosseno, 189
    Cotangente, 189
    Secante, 189

Seno, 189
Tangente, 189
Relação, 72
    inversa, 99
Reta real, 22

Senoide, 201
Simplificação algébrica, 67
Subconjunto, 5

Triângulo retângulo, 185

Valor
    absoluto, 155
    numérico, 73
Variável
    dependente, 72
    independente, 72

Zero da função, 129

Referências Bibliográficas

[1] ANTON, H., BRIVES, I., STEPHEN, D., *Cálculo*, 8ª Edição, Porto Alegre, Bookman, Vol. I e II, 2007.

[2] DANTE, L.R. *Matemática: contexto e aplicações*, Volume único, Editora Ática, 2003.

[3] DOMINGUES , H., *Fundamentos de Aritmética*, Atual, 1991.

[4] FIGUEIREDO, D. G., *Análise I*, 2 ed., Rio de Janeiro, LTC, 1996.

[5] IEZZI, G. *Fundamentos de Matemática Elementar*, Vol. 8, Editora Atual, 2001.

[6] LIMA, E. L., *Análise Real*, Vol. 1, 3 ed., Rio de Janeiro, IMPA, 1997.

[7] O'CONNOR, J. J. e ROBERTON, E. F., *MacTutor History of Mathematics*, disponível em www.history.mcs.st-andrews.ac.uk/Mathematicians, 2012.

[8] MARCONDES, et al., *Matemática para o Ensino Médio*, 2ª ed., São Paulo, Ática, 1999.

[9] SAFIER, F., *Pré-Cálculo*, 2ª ed., Porto Alegre, Bookman, 2011.

[10] Wikipédia. http://pt.wikipedia.org/wiki, 2012.

[11] STEWART , J., *Cálculo*, Vol. 1 e 2, Pioneira, 2001.

[12] SIERPINSKI, W., *Cardinal and ordinal numbers*, 2nd ed. PWN-Polish Scientific Publishers, Warszawa, 1965.

[13] WEISSTEIN, E. W, Eric Weisstein's World of Scientific Biography. http://scienceworld.wolfram.com/biography, 2012.